高等学校专业教材

食品生物化学实验

张 峰 刘 倩 于克学 主编

中国轻工业出版社

图书在版编目（CIP）数据

食品生物化学实验 / 张峰，刘倩，于克学主编. —北京：中国轻工业出版社，2022.3
ISBN 978-7-5184-3785-6

Ⅰ.①食… Ⅱ.①张…②刘…③于… Ⅲ.①食品化学—生物化学—化学实验—教材 Ⅳ.①TS201.2-33

中国版本图书馆 CIP 数据核字（2021）第 265460 号

责任编辑：张　靓　王宝瑶
策划编辑：张　靓　　　责任终审：李建华　　封面设计：锋尚设计
版式设计：砚祥志远　　责任校对：吴大朋　　责任监印：张　可

出版发行：中国轻工业出版社（北京东长安街 6 号，邮编：100740）
印　　刷：三河市万龙印装有限公司
经　　销：各地新华书店
版　　次：2022 年 3 月第 1 版第 1 次印刷
开　　本：787×1092　1/16　印张：10.75
字　　数：250 千字
书　　号：ISBN 978-7-5184-3785-6　定价：38.00 元
邮购电话：010-65241695
发行电话：010-85119835　传真：85113293
网　　址：http://www.chlip.com.cn
Email：club@chlip.com.cn
如发现图书残缺请与我社邮购联系调换
210026J1X101ZBW

本书编写人员

主　编　张　峰（齐鲁师范学院）

　　　　　刘　倩（齐鲁师范学院）

　　　　　于克学（山东农业工程学院）

副主编　王春玲（齐鲁师范学院）

　　　　　安　霞（齐鲁师范学院）

参　编（按姓氏拼音为序）

　　　　　白爱英（济南市疾病预防控制中心）

　　　　　柴振光（齐鲁师范学院）

　　　　　傅一鸣（齐鲁师范学院）

　　　　　侯　琳（齐鲁师范学院）

　　　　　李景超（山东省分析测试中心）

　　　　　李　宁（济宁医学院）

　　　　　吴　江（山东商业职业技术学院）

　　　　　翟肖肖（济宁学院）

　　　　　张　菲（齐鲁师范学院）

食品生物化学是食品科学与工程的基础课，也是前沿学科，实验教学在其学习中占有重要地位。

目前市场上食品生物化学的实验教材种类较多，但多集中在基础实验部分，而且实验操作流程和技术水平少有改进。本教材从技能培养的角度出发，提高了教材的针对性和实用性，除基础实验外，还加入研究性实验介绍，提高学生的技术应用能力。另外，在实验操作编写中，根据编者的教学经验，对部分试剂配比和实验流程做出改善，更有利于提高学生实验的成功率。

本教材面向食品类专业的学生，包括食品营养与检测、食品生物技术、食品质量与安全等多个专业方向。全书包括两部分内容，第一部分介绍食品生物化学基础实验，选编 35 个实验，涵盖了糖类、脂类、酶类、蛋白质等生物大分子的分离制备、分析检测等方法与技术；第二部分介绍食品生物化学常用实验技术，如目前食品生物化学研究中常用的分析分离技术和色谱分析技术，并选编 5 个实验技术应用，由浅至深地使学生了解更多的研究方法和实验技能。本教材不仅注重加强学生基本实验方法和技能的训练，还通过原理概述的形式，指导学生进行小课题的探讨和设计。基础食品生物化学实验中除实验操作内容，还加设注意事项及思考题，引导学生对实验的原理及结果进行思考和解析。附录包括食品生物化学实验室安全与防护知识、常用试剂和溶液的配制以及常用数据列表等内容。本书可供综合性大学和职业专科院校食品相关专业的本科、专科学生作为实验课教材，也可供相关行业的技术人员及科研人员参考。

本教材编写分工如下：第一部分基础食品生物化学实验，由齐鲁师范学院刘倩、王春玲、安霞、柴振光、傅一鸣、侯琳、张菲和济南市疾病预防控制中心白爱英、济宁医学院李宁及山东商业职业技术学院吴江共同编写；第二部分食品生物化学常用实验技术，由齐鲁师范学院刘倩、王春玲、安霞、济宁学院翟肖肖和山东省分析测试中心李景超编写，山东省济南第二中学毕思莹为本教材的编写作了大量工作。张峰、刘倩、于克学负责本书的校正，张峰、刘倩负责最终统稿。

在本教材编写过程中，参考众多文献资料，并得到同行的支持。在此，向文献资料编写者、同行等所有提供帮助的单位和个人表示感谢。

由于编者水平所限，书中难免有不当之处，恳请读者批评指正。

编　者

目　　录

第一部分　基础食品生物化学实验

第二部分　食品生物化学常用实验技术

Part 1 第一部分
基础食品生物化学实验

实 验 一

食品中铁的测定——火焰原子吸收光谱法

实验类型： 综合性
教学时数： 4 学时

一、实验目的

（1）掌握火焰原子吸收光谱法测定食品中铁含量的原理和方法。

（2）掌握食品中金属元素测定的前处理方法。

二、实验原理

试样消解后，经原子吸收火焰原子化，在 248.3nm 处测定吸光度值。在一定浓度范围内溶液的吸光度值与铁含量成正比，可与标准系列溶液比较定量。

三、器材与试剂

1. 器材

（1）原子吸收光谱仪，配火焰原子化器，铁空心阴极灯。

（2）分析天平，感量 0.1mg 和 1mg。

（3）微波消解仪，配聚四氟乙烯消解内罐。

（4）可调式电热炉。

（5）可调式电热板。

（6）压力消解罐，配聚四氟乙烯消解内罐。

（7）恒温干燥箱。

（8）马弗炉。

2. 试剂

硝酸（HNO_3），高氯酸（$HClO_4$），硫酸（H_2SO_4）。

除非另有说明，本方法所用试剂均为优级纯，水为 GB/T 6682—2008 规定的二级水。

3. 试剂配制

（1）硝酸溶液　量取 50mL 硝酸，倒入 950mL 水中，混匀。

（2）硝酸溶液　量取 250mL 硝酸，倒入 250mL 水中，混匀。

（3）硫酸溶液　量取 50mL 硫酸，缓慢倒入 150mL 水中，混匀。

4. 标准品

硫酸铁铵〔$NH_4Fe(SO_4)_2 \cdot 12H_2O$，CAS 号 7783-83-7〕：纯度>99.99%，或一定浓度经国家认证并授予标准物质证书的铁标准溶液。

5. 标准溶液配制

（1）铁标准贮备液（1000mg/L）　准确称取 0.8631g（精确至 0.0001g）硫酸铁铵，加水溶解，加 1.00mL 硫酸溶液，移入 100mL 容量瓶，加水定容至刻度，混匀。此铁溶液质量浓度为 1000mg/L。

（2）铁标准中间液（100mg/L）　准确吸取铁标准贮备液（1000mg/L）10mL 于 100mL 容量瓶中，根据 GB 5009.90—2016，加硝酸溶液定容至刻度，混匀。此铁溶液质量浓度为 100mg/L。

（3）铁标准系列溶液　分别准确吸取铁标准中间液（100mg/L）0，0.50，1.00，2.00，4.00，6.00mL 于 100mL 容量瓶中，加硝酸溶液定容至刻度，混匀。此铁标准系列溶液中铁的质量浓度分别为 0，0.50，1.00，2.00，4.00，6.00mg/L。

可根据仪器的灵敏度及样品中铁的实际含量确定标准系列溶液中铁的具体浓度。

所有玻璃器皿及聚四氟乙烯消解内罐均需硝酸溶液浸泡过夜，用自来水反复冲洗，最后用水冲洗干净。

四、实验内容

1. 粮食、豆类样品

样品去除杂质后，粉碎，贮于塑料瓶中。

2. 蔬菜、水果、鱼类、肉类等样品

样品用水洗净，晾干，取可食部分，制成匀浆，贮于塑料瓶中。

3. 饮料、酒、醋、酱油、食用植物油、液态乳等液体样品

将样品摇匀。

4. 试样消解

（1）湿法消解　准确称取固体试样 0.5~3g（精确至 0.001g）或准确移取液体试样 1.00~5.00mL 于带刻度消化管中，加入 10mL 硝酸和 0.5mL 高氯酸，在可调式电热炉上消解（参考条件：120℃、0.5~1h，升至 180℃、2~4h，升至 200~220℃）。若消化液呈棕褐色，再加硝酸，消解至冒白烟，消化液呈无色透明或略带黄色，取出消化管，冷却后将消化液转移至 25mL 容量瓶中，用少量水洗涤 2~3 次。合并洗涤液于容量瓶中并用水定容至刻度，混匀备用。同时做试样空白实验。亦可采用锥形瓶，于可调式电热板上，按上述操作方法进行湿法消解。

（2）微波消解　准确称取固体试样 0.2~0.8g（精确至 0.001g）或准确移取液体试样 1.00~3.00mL 于微波消解罐中，加入 5mL 硝酸，按照微波消解的操作步骤消解试样，消解条件根据试样所需设定，冷却后取出消解罐，在电热板上于 140~160℃赶酸至 1.0mL 左右。冷却后将消化液转移至 25mL 容量瓶中，用少量水洗涤内罐和内盖 2~3 次，合并洗涤液于容量瓶中并用水定容至刻度，混匀备用。同时做试样空白实验。

（3）压力罐消解　准确称取固体试样 0.3~2g（精确至 0.001g）或准确移取液体试样 2.00~5.00mL 于消解内罐中，加入 5mL 硝酸，盖好内盖，旋紧不锈钢外套，放入恒温干燥箱，于 140~160℃下保持 4~5h。冷却后缓慢旋松外罐，取出消解内罐，放在可调式电热板上于 140~160℃赶酸至 1.0mL 左右。冷却后将消化液转移至 25mL 容量瓶中，用少量水洗涤内罐和内盖 2~3 次，合并洗涤液于容量瓶中并用水定容至刻度，混匀备用。同时做试样空白实验。

（4）干法消解　准确称取固体试样 0.5~3g（精确至 0.001g）或准确移取液体试样 2.00~5.00mL 于坩埚中，小火加热，炭化至无烟，转移至马弗炉中，于 550℃灰化 3~4h。冷却，取出，对于灰化不彻底的试样，加数滴硝酸，小火加热，小心蒸干，再转入 550℃马弗炉中，继续灰化 1~2h，至试样呈白灰状，冷却，取出，用适量硝酸溶液溶解，转移至 25mL 容量瓶中，用少量水洗涤内罐和内盖 2~3 次，合并洗涤液于容量瓶中并用水定容至刻度。同时做试样空白实验。

5. 上机测定

（1）仪器测试条件　波长 248.3nm，狭缝 0.2nm，灯电流 5~15mA，燃烧头高度 3mm，空气流量 9L/min，乙炔气流量 2L/min。

（2）标准曲线的制作　将标准系列溶液按质量浓度由低到高的顺序分别导入火焰原子化器，测定其吸光度值。以铁标准系列溶液中铁的质量浓度为横坐标，以相应的吸光度值为纵坐标，制作标准曲线。

（3）试样测定　在与测定标准系列溶液相同的实验条件下，将空白溶液和样品溶液分别导入原子化器，测定吸光度值，与标准系列溶液比较定量。

（4）试样中铁的含量计算如下所示：

$$X = \frac{V(\rho - \rho_0)}{m}$$

式中　X——试样中铁的含量，mg/kg 或 mg/L

ρ——测定样液中铁的质量浓度，mg/L

ρ_0——试样空白中铁的质量浓度，mg/L

V——试样消化液的定容体积，L

m——试样称样量或移取体积，kg 或 L

当铁含量≥10.0mg/kg 或 10.0mg/L 时，计算结果保留三位有效数字；当铁含量<10.0mg/kg 或 10.0mg/L 时，计算结果保留 2 位有效数字。

思考题

1. 湿法消解时消解液蒸干会有什么影响？

2. 为什么要从低到高测定标准溶液浓度？

实 验 二

糖类性质实验（一）——糖类颜色反应

实验类型：验证性
教学时数：3 学时

糖类颜色反应
微课

一、实验目的

（1）了解糖类某些颜色反应的原理。
（2）学习应用糖类颜色反应鉴别糖类的方法。

二、实验原理

1. α-萘酚反应（Molisch 反应）

糖类在浓无机酸（硫酸、盐酸）作用下，脱水生成糠醛及糠醛衍生物，后者能与 α-萘酚生成紫红色物质。

糠醛（呋喃醛）　　　　羟甲基糠醛（糠醛衍生物）

因为糠醛及糠醛衍生物对此反应均呈阳性，故此反应不是糖类的特异反应。

2. 间苯二酚反应（Seliwanoff 反应）

在酸作用下，酮糖脱水生成羟甲基糠醛，后者再与间苯二酚作用生成红色物质。此反应是酮糖的特异反应。醛糖在同样条件下呈色反应缓慢，只有在糖类浓度较高或煮沸时间较长时，才呈微弱的阳性反应。在实验条件下蔗糖有可能水解而呈阳性反应。

3. 杜氏实验

戊糖在浓酸溶液中脱水生成糠醛，后者与间苯三酚结合成樱桃红色物质。

三、器材与试剂

1. 器材

试管，试管架，滴管，水浴锅。

2. 试剂

（1）莫氏（Molisch）试剂　50g/L α-萘酚的酒精溶液，称取 α-萘酚 5g，溶于 95%乙醇中，总体积 100mL，贮于棕色瓶内，使用前配制。

（2）塞氏（Seliwanoff）试剂　0.5g/L 间苯二酚-盐酸溶液，称取间苯二酚 0.05g 溶于 30mL 浓盐酸中，再用蒸馏水稀释至 100mL。

（3）杜氏试剂　20g/L 间苯三酚乙醇溶液（2g 间苯三酚溶于 100mL95%乙醇中）3mL，缓缓加入浓盐酸 15mL 及蒸馏水 9mL，临用时配制。

（4）其他试剂　10g/L 葡萄糖溶液，10g/L 果糖溶液，10g/L 蔗糖溶液，10g/L 淀粉溶液，10g/L 半乳糖溶液，10g/L 阿拉伯糖溶液，1g/L 糠醛溶液，浓 H_2SO_4。

四、实验内容

1. α-萘酚反应（Molisch 反应）

取 5 支试管，分别加入 10g/L 葡萄糖溶液、10g/L 果糖溶液、10g/L 蔗糖溶液、10g/L 淀粉溶液、1g/L 糠醛溶液各 1mL。再向 5 支试管中各加入 2 滴莫氏试剂，充分混合。斜执试管，沿管壁缓慢加入浓 H_2SO_4 约 1mL，缓慢立起试管，切勿摇动。硫酸层沉于试管底部与糖溶液分成两层，在液面交界处有紫红色环出现。观察、记录各管颜色。

2. 间苯二酚反应（Seliwanoff 反应）

取 3 支试管分别加入 10g/L 的葡萄糖溶液、10g/L 果糖溶液、10g/L 蔗糖溶液各 0.5mL，再向各管分别加入塞氏试剂 5mL，混匀。将 3 支试管同时放入沸水浴中，注意观察，记录各管颜色的变化及变化时间。

3. 杜氏实验

取 3 支试管分别加入杜氏试剂 1mL，再分别加入 1 滴 10g/L 葡萄糖溶液、10g/L 半乳糖溶液、10g/L 阿拉伯糖溶液，混匀。将试管同时放入沸水浴中，观察颜色的变化，并记录颜色变化的时间。

思 考 题

1. 怎样鉴别酮糖的存在？
2. α-萘酚反应的原理是什么？

实 验 三

糖类性质实验（二）——糖类还原作用

实验类型：验证性
教学时数：3 学时

糖类还原作用
微课

一、实验目的

掌握测定糖类还原作用的原理和具体操作方法。

二、实验原理

许多糖类由于其分子中含有自由的或潜在的醛基或酮基，故在碱性溶液中能将铜、铋、汞、铁、银等金属离子还原，同时糖类本身被氧化成糖酸及其他产物。糖类这种性质常被利用于检测糖的还原性及还原糖的定量测定。

1. 斐林（Fehling）反应

斐林（Fehling）试剂是含有硫酸铜与酒石酸钾钠的氢氧化钠溶液。硫酸铜与碱溶液混合加热，则生成黑色的氧化铜沉淀。若同时有还原糖存在，则产生黄色或砖红色的氧化亚铜沉淀。为了防止铜离子和碱反应生成氢氧化铜或碱性碳酸铜沉淀，在斐林试剂中加入酒石酸钾钠，它与 Cu^{2+} 形成的酒石酸钾钠络合铜离子是可溶性的络离子，该反应是可逆的。平衡后溶液内保持一定浓度的氢氧化铜。斐林试剂是一种弱的氧化剂，它不与酮和芳香醛发生反应。

2. 本尼迪特（Benedict）反应

本尼迪特（Benedict）试剂为含有 Cu^{2+} 的碱性溶液，它能使具有自由醛基或酮基的糖类氧化，其本身则被还原成红色或黄色的 Cu_2O。生成 Cu_2O 沉淀的颜色之所以不同，是由于在不同条件下产生的沉淀颗粒大小不同，颗粒小则呈黄色，颗粒大则呈红色。如有保护性胶体存在时，常生成黄色沉淀。此法常用作还原糖的定性或定量依据。

此法具有以下特点：试剂稳定，不需临时配制；不因氯仿的存在而被干扰；肌酐或肌酸等物质所产生的干扰程度远较斐林试剂小等。

3. 巴费德（Barfoed）反应

巴费德（Barfoed）反应是糖在酸性条件下进行还原作用。在酸性溶液中，单糖和还原二糖的还原速度有明显差异。单糖在 3min 内就能还原 Cu^{2+}，而还原二糖则需 20min。所以，该反应可用于区别单糖和还原二糖。当加热时间过长，非还原性二糖被水解也能呈现阳性反应，如蔗糖在 10min 内水解而发生反应。还原二糖浓度过高时，也会很快呈现阳性反应，若样品中含有少量氯化钠也会干扰此反应。

三、器材与试剂

1. 器材

试管，烧杯，滴管，试管夹，水浴锅，移液枪等。

2. 试剂

10g/L 葡萄糖溶液，10g/L 蔗糖溶液，10g/L 淀粉溶液，本尼迪特试剂，斐林试剂，巴费德试剂。

四、实验内容

1. 斐林反应

取 3 支试管，向每管中分别加斐林试剂 A 和 B 各 1mL，摇匀后，再分别加入 10g/L 葡萄糖溶液、10g/L 蔗糖溶液、10g/L 淀粉溶液 1mL，置于沸水浴中加热 2~3min，取出冷却，观察沉淀和颜色的变化。

2. 本尼迪特反应

取 3 支试管，各加本尼迪特试剂 2mL，再分别加入 10g/L 葡萄糖溶液、10g/L 蔗糖溶液、10g/L 淀粉溶液 1mL，置于沸水浴中加热至出现颜色变化，取出，冷却，观察并记录各管的变化。

3. 巴费德反应

取 3 支试管，各加巴费德试剂 1mL，再分别加入 10g/L 葡萄糖溶液、10g/L 蔗糖溶液、10g/L 淀粉溶液 2~3 滴，煮沸约 3min，放置 20min 以上，比较各管颜色变化及红色出现的先后顺序。

思 考 题

1. 解释本实验中的各种现象。

2. 举例说明哪些糖类属于还原糖。

实 验 四

比色法测定水溶性糖类物质的含量

实验类型：验证性
教学时数：3 学时

3,5-二硝基水杨酸
比色法测定还原糖
和总糖微课

一、实验目的

通过学习比色法测定食品中水溶性糖类物质的含量，掌握比色法的原理。

二、实验原理

糖类在硫酸溶液中加热，脱水生成糠醛或羟甲基糠醛，再与蒽酮反应缩合成蓝绿色糠醛类衍生物，在一定范围内其颜色深浅与糖类浓度成正比，可进行比色测定。

此法灵敏度高，适用于测定微量糖类。

三、器材与试剂

1. 器材

高速组织捣碎机、水浴锅、721 分光光度计、比色皿、容量瓶、烧杯。

2. 试剂

使用分析纯试剂，水应为蒸馏水或同等纯度的水。

（1）蒽酮（1g/L） 将 74mL 浓 H_2SO_4（分析纯），加入 26mL 水中，搅拌，冷却后加入 0.1g 蒽酮溶解，此试剂在使用当天配制。

（2）0.1mol/L NaOH　2gNaOH 溶于 500mL 水中。

（3）甲基红溶液　0.2g 甲基红溶于 100mL 95％乙醇中。

（4）糖标准溶液　称取 1.000g 葡萄糖放入 1000mL 容量瓶中，加水溶解定容（1000mg/L）。分别取此液 0，1，2，3，4，5mL 置于 50mL 容量瓶中，加水定容，此标准系列溶液含糖分别为 0，20，40，60，80，100mg/L。

四、实验内容

（1）取苹果去核切碎，用小烧杯称取 25g，放入高速组织捣碎机，加水 475mL，捣碎（1~2min）。

（2）用小烧杯称取浆液 10g 加入 100mL 容量瓶中，用水洗净烧杯，洗液移入容量瓶。

（3）加入甲基红 2 滴，用 0.1mol/L NaOH 溶液中和至微黄色，加水至约 60mL。

（4）容量瓶水浴 80℃保温 30min，期间摇动 2 次。

（5）取出容量瓶，冷却后再用水定容，用干过滤纸过滤于烧杯或三角瓶中。

（6）吸取滤液 2mL 加入 50mL 容量瓶中，用水定容。

（7）取稀释液 2mL 于 25mL 试管中，沿试管壁小心加入 10mL 蒽酮溶液，摇匀或用玻璃棒搅匀。

（8）将试管置于沸水浴中，准确加热 10min，取出后迅速冷却。

（9）以空白溶液为零点，用 1cm 比色皿，测定吸光度，波长 620nm。由标准曲线查出糖溶液的浓度。

标准曲线：分别取 0，20，40，60，80，100mg/L 糖标准溶液 2mL，置于 25mL 试管中同步骤（7）~步骤（9）进行操作，以糖浓度（mg/L）为横轴，吸光度（A）为纵轴，做标准曲线。

五、结果计算

$$糖类含量 = \frac{查曲线得糖浓度 \times 500 \times 100 \times 50 \times 100}{25 \times 10 \times 2 \times 106} = 糖浓度 \times 0.5$$

六、注意事项

（1）蒽酮试剂要当天配制，12h 内使用，如冷藏保存，可使用几天；如加入 1%硫脲，可保存一个月。

（2）配制蒽酮溶液的硫酸和蒽酮应该用分析纯或优级纯。蒽酮浓度可为 0.1%，也可为 0.2%，所配硫酸的浓度，不同资料不一样，有 96%，95%，85%，74%等，据试验，认为用 74%较好，95%以上的浓 H_2SO_4 在使用中有时会出现糖脱水炭化，溶液发黑的问题，所用硫酸浓度和加热时间有关系。

（3）水果类样品往往含有机酸，会使提取液呈酸性，使淀粉等非可溶性糖水解，提高测定值，所以要用碱中和后再保温提取，温度应控制在 80℃±2℃。为了提高测量的准确性，减少非糖类物质的干扰，也可改用 80%乙醇提取可溶性糖。

（4）本实验方法准确度高，但重现性较差，测定条件要求较高，必须严格一致。标准溶液和样品溶液同一批加蒽酮，摇匀，同时显色，所用试管的大小、厚度要一致，加热温度、时间等条件都应该一致，同一批测定的数量不要过多。

（5）不同种类的糖类显色快慢有差别，果糖显色较快（3min），葡萄糖显色较慢（10min），关键是每次测定的加热时间要准确一致。本实验采用 10min 加热法，在加热之前最好先将样品置于冷水或冰水中冷却，待同一批样品都加完蒽酮试剂后，一同放入沸水中加热，显色之后，应立即用冷水或冰水冷却至室温，然后测定。

（6）蒽酮可与许多碳水化合物反应，单糖、双糖、糊精、可溶性淀粉、滤纸等都可以发生相同的反应而一同被测定，所以应避免滤纸等的影响。如果只测单糖，则需先进行分离。

（7）如果待测液有色，可用活性炭脱色后进行测定。

思考题

若样品浆液在保温提取前未用 0.1mol/L NaOH 溶液中和，对测定结果有什么影响？

实 验 五

焦糖的制备及性质实验

实验类型： 验证性
教学时数： 4 学时

一、实验目的

（1）理解美拉德反应（Maillard 反应）的原理。
（2）理解焦糖化作用。
（3）了解焦糖的性质及用途。

二、实验原理

焦糖色又称酱色。焦糖是一种浓红褐色的胶体物质，溶于水，水溶液呈红褐色，透明无浑浊或沉淀，具有特殊的焦糖风味，产品有液体和固体两种。是食品工业上用量最大、最广泛的食品着色剂之一，常用于调味品、罐头、糖果饼干及饮料等的着色。生产焦糖的主要原料为淀粉糖、蔗糖、葡萄糖、糖蜜等。

焦糖的制造主要有两个途径：一是美拉德反应（Maillard reaction），是指糖（含羰基化合物）与氮（氨基化合物）共热所引起的反应，反应中的产色机理主要是羰氨缩合反应，分子重排、降解、脱水，反应体系中的中间产物发生醇醛缩合、生成的褐红色素随机缩合，最终形成结构复杂的高分子类黑色素；二是焦糖化反应，是指糖类在没有含氨基化合物存在的情况下，加热至熔点以上，生成深红褐色色素物质的反应。在此反应中糖类物质经一系列脱水、降解、分子重排及环构化作用、分子间缩聚等，最后生成较大相对分子质量的深红褐色物质。

焦糖色色率用 EBC 单位表示，根据欧洲啤酒酿造学会（European Brewery Convention）要求，用 0.1%焦糖色（标准色）以 1cm 比色皿，用可见光分光光度计于 610nm 处测吸光度为 0.076 时，相当于 20000EBC 单位。

三、器材与试剂

1. 仪器

电炉，分光光度计，比色皿，试管，蒸发皿，250mL 容量瓶等。

2. 试剂

白糖，酱油，氯化钠，6%乙酸溶液，95%酒精，250g/L 蔗糖溶液，200g/L 的甘氨酸溶液，250g/L 葡萄糖溶液，100g/L 氢氧化钠溶液，10%盐酸溶液，饱和赖氨酸溶液，50g/L 阿拉伯糖溶液，250g/L 谷氨酸钠溶液，100g/L 半胱氨酸盐酸盐溶液。

四、实验内容

1. 焦糖的制备

（1）称取 25g 白糖放入蒸发皿中，加入 1mL 水，在电炉上加热到 150℃左右，再加热至 190~195℃，恒温 10min 左右至深褐色，稍冷后，加入少量蒸馏水溶解，冷后倒入容量瓶中，定容至 250mL，编号为焦糖Ⅰ。

（2）另称取 25g 白糖放入蒸发皿中，加水 1mL，加热到 150℃，加酱油 1mL，再加热到 170~180℃，恒温 5~10min 至深褐色。稍冷后用蒸馏水溶解，倒入容量瓶中，定容至 250mL，编号为焦糖Ⅱ（表1）。

2. 比色

（1）分别吸取编号焦糖Ⅰ和焦糖Ⅱ的 100g/L 的焦糖溶液 10mL，分别稀释至 100mL，成为 10g/L 焦糖溶液。

（2）吸取上述 10g/L 焦糖溶液，按表1所列编号在小烧杯中混匀各种所需物质，再置于 2cm 的比色皿中，用分光光度计测定 520nm 处吸光度，根据吸光度的大小比较不同情况下焦糖的色泽。

表 1 焦糖的制备试剂表

编号	试剂添加量						吸光度
	（10g/L）焦糖Ⅰ/mL	（10g/L）焦糖Ⅱ/mL	水/mL	氯化钠/g	6%乙酸/mL	95%乙醇/mL	
1	10	—	10	—	—	—	
2	10	—	10	3.6	—	—	
3	10	—	—	—	10	—	
4	10	—	—	—	—	10	
5	—	10	10	—	—	—	
6	—	10	10	3.6	—	—	
7	—	10	—	—	10	—	
8	—	10	—	—	—	10	

3. 简单组分间的美拉德反应

（1）取三支试管，各加 250g/L 葡萄糖溶液和 250g/L 谷氨酸钠溶液 5 滴。取第一支试管加 10%盐酸 2 滴；第二支试管添加 100g/L 氢氧化钠溶液 2 滴；第三支试管不加酸或碱。将上述试管同时放入沸水中加热片刻，比较变色快慢和颜色深浅。

（2）取三支试管，第一支试管加入 200g/L 甘氨酸溶液和 250g/L 蔗糖溶液各 5 滴；第二支试管加入 250g/L 谷氨酸溶液和 250g/L 蔗糖溶液各 5 滴；第三支试管加入 200g/L 甘氨酸溶液和 250g/L 葡萄糖溶液各 5 滴，在上述三支试管中各加 2 滴 100g/L 氢氧化钠溶液，放入沸水浴中加热，比较变色快慢和颜色深浅。

（3）取三支试管分别加入 3mL 200g/L 甘氨酸溶液、250g/L 谷氨酸钠溶液及饱和赖氨酸溶液，另取一支试管加入 200g/L 甘氨酸溶液及 100g/L 半胱氨酸盐酸盐溶液各 2mL，然后分别加入 250g/L 葡萄糖溶液 1mL 加热至沸腾，观察颜色的变化及香气的产生，再加热近干，进一步观察颜色的变化并辨别所产生的香气。用 250g/L 的阿拉伯糖溶液代替葡萄糖同样操作一次，记录香气类型，讨论其产香机制并辨别香气的异同点。

思考题

1. 何为酶促褐变和非酶促褐变？

2. 比较非酶促褐变过程中，糖化反应与美拉德反应形成色素的异同。

3. 焦糖色作为食品添加剂可用于哪些食品中？

4. 举例说明食品加工过程中哪些工艺或措施是为了防止非酶促褐变发生的？

实 验 六

果胶的制备和特性测定

实验类型： 综合性
教学时数： 6 学时

一、实验目的

（1）掌握提取果胶和分析果胶的基本技能和方法。

（2）学会优化食品生物化学实验条件。

（3）学会将原果胶和果胶的性质应用于食品加工中。

二、实验原理

果胶既是一种对人体具有生理活性的多糖，也是常用的天然食品添加剂——增稠剂，目前广泛用于糖果、果冻、果酱等食品中。

1. 果胶的制备

利用原果胶不溶于水、在酸性条件下可以水解为果胶的特性，先将原果胶酸水解为可溶性的果胶粗产品，再将得到的果胶粗产品进行脱色、沉淀、干燥、包装等，得到果胶成品。

2. 果胶的分析测定

果胶的测定通常采用间接法，常用的方法有重量法和比色法。本实验采用比色法测定提取的果胶物质。比色法依据的原理为：果胶物质水解产物——半乳糖醛酸，在强酸条件下可以与咔唑发生缩合反应，生成紫红色的产物，从而进行比色法来间接测定果胶物质的含量。

三、器材与试剂

1. 器材

分光光度计，电炉，抽滤装置，容量瓶，大试管等。

2. 实验材料

柑橘皮。

3. 试剂

0.25%盐酸，化学纯无水乙醇或95%乙醇，精制乙醇，1.5g/L咔唑乙醇溶液，α-D-水解半乳糖醛酸，优级纯浓H_2SO_4，0.05mol/L HCl溶液，蔗糖，柠檬酸，柠檬酸钠，1mol/L NaOH溶液。

4. 其他

尼龙布或纱布，广泛pH试纸，精密pH试纸，活性炭，硅藻土等。

四、实验内容

1. 果胶的提取

（1）提取工艺　柑橘皮→原料预处理→原果胶酸水解→水解产物脱色→滤液调节酸碱度→沉淀→过滤→干燥→果胶物质

（2）原料预处理　称取新鲜柑橘皮20g用清水洗净后，放入250mL烧杯中，加热到90℃保持5~10min，使酶失活，用水冲洗后切成3~5mm大小的颗粒，用50℃左右的热水漂洗，直至水无色，果皮无异味为止。每次漂洗必须把果皮用尼龙布挤干，再进行下一步的漂洗。

（3）酸水解萃取　将预处理后的果皮粒放入烧杯中，加入0.25%的盐酸

60mL，以浸没果皮为度，pH 调整在 2.0~2.5，加热到 90℃煮 45min，趁热用尼龙布（100 目）或四层纱布过滤。

（4）脱色　在滤液中加入 0.5%~1.0%的活性炭于 80℃加热 20min 进行脱色和除异味，趁热抽滤，如抽滤困难可加入 2%~4%的硅藻土作助滤剂。如果柑橘皮漂洗干净，萃取液为无色透明，则不用脱色。

（5）沉淀　待萃取液冷却后，用 1mol/L NaOH 溶液调节至 pH3~4，在不断搅拌下加入 95%乙醇，加入乙醇的量约为原体积的 1.3 倍，使酒精度达 50%~60%（可用酒精计测定），静置 10min。

（6）过滤、洗涤、烘干　用尼龙布过滤后，用 95%乙醇洗涤果胶物质二次，60~70℃烘干。将烘干的果胶物质粉碎、过筛、包装即为产品。滤液可用分馏法回收酒精。

2. 果胶的分析测定

（1）半乳糖醛酸标准曲线的绘制　准确称取 α-D-水解半乳糖醛酸 100mg，溶解于蒸馏水，并定容至 100mL，混合后得 1mg/mL 的半乳糖醛酸原液。移取上述原液 1.0、2.0、3.0、4.0、5.0、6.0、7.0mL，分别注入 100mL 容量瓶中，稀释至刻度，即得一系列浓度为 10、20、30、40、50、60、70μg/mL 的半乳糖醛酸标准溶液。

取 30mm×200mm 的硬质大试管 7 支，用吸管注入浓 H_2SO_4 各 12mL，置于冰水浴中冷却，边冷却边分别沿壁徐徐加入上述不同浓度的半乳糖醛酸标准溶液各 2mL，充分混合后，再置于冰水浴中冷却，然后，在沸水浴中加热 10min，冷却至室温后，加入 1.5g/L 咔唑溶液各 1mL，充分混合；另以蒸馏水代替半乳糖醛酸标准溶液，依上法同样处理，作为空白试剂，室温下放置 30min 后，用分光光度计在波长 530nm 下分别测定其吸光度，以测得的吸光度为纵坐标，每毫升标准溶液中半乳糖醛酸的含量为横坐标，做标准曲线。

（2）果胶样品的分析测定　取 30mm×200mm 的硬质大试管，用吸管注入 12mL 浓 H_2SO_4，置于冰水浴中冷却，边冷却边分别沿壁徐徐加入 2mL 果胶样品（烘干的样品自行配制成一定浓度），充分混合后，再置于冰水浴中冷却。然后，在沸水浴中加热 10min，冷却至室温后，加入 1.5g/L 咔唑乙醇溶液各 1mL，充分混合；另以蒸馏水代替样品，依上法同样处理，作为空白试剂，在室温下放置 30min 后，用分光光度计在波长 530nm 下测定其吸光度。

五、结果计算

样品中果胶含量计算如下：

$$果胶物质 = \frac{\rho \times V}{m \times 10^6} \times 100\%$$

式中　ρ——半乳糖醛酸浓度，$\mu g/mL$

　　　V——果胶样品溶液的体积，mL

　　　m——果胶样品的质量，g

六、果胶在食品加工中的应用

将果胶 0.2g（干品）浸泡于 20mL 水中，软化后在搅拌下慢慢加热至果胶全部融化，加入柠檬酸 0.1g、柠檬酸钠 0.1g 和蔗糖 20g，在搅拌下加热至沸，继续熬煮 5min，冷却后即为果酱。

果酱的生产工艺：果胶→ 溶解 → 调味（如酸味剂、甜味剂等） → 溶解、混合 → 熬煮 → 冷却 → 罐装 → 杀菌 →成品

思考题

1. 果胶具有什么特性？

2. 提取果胶时，为何用乙醇沉淀？

3. 本实验采用比色法测定果胶物质的基本原理是什么？

4. 高甲氧基果胶和低甲氧基果胶成胶的条件有何差异？

5. 制作果酱时，添加蔗糖有何作用？

实验 七

粗脂肪的提取和测定——索氏提取法

实验类型：综合性
教学时数：12 学时

粗脂肪的测定
微课

一、实验目的

（1）学会根据食品中脂肪不同的存在状态正确选择脂肪的测定方法。
（2）掌握索氏提取法测定食品脂肪含量的方法。

二、实验原理

利用相似相溶原理用有机溶剂（石油醚）将游离的脂肪萃取出来，然后回收除去溶剂并干燥至恒重，以所得残渣计算粗脂肪含量，因残渣中除脂肪外，还包括其他挥发油、树脂、部分有机酸、色素等，故为粗脂肪含量。

干燥的样品　→　溶剂抽提　→　回收溶剂　→　粗脂肪

三、器材与试剂

1. 器材

恒温水浴锅，索氏提取器，电热鼓风干燥箱，干燥器，滤纸筒，磨口广口烧瓶，研钵，圆孔筛，脱脂棉等。

2. 实验材料

大豆。

3. 试剂

无水石油醚（沸程 30~60℃）。

四、实验内容

1. 准备工作

将恒温水浴锅中的水事先加热（60℃）。务必保证索氏提取器和提取瓶内干燥、洁净，或将其洗净并置于干燥箱内 120℃烘干，索氏提取器和提取瓶要求烘至恒重。

2. 样品制备

分取除去杂质的净大豆 30~50g，粉碎后通过直径 1.0mm 的圆孔筛，装入磨口广口瓶内备用。

3. 试样包扎

从备用的样品中，用烘盒称取 2~5g 试样，置于 105℃电热鼓风干燥箱中烘 30min，趁热倒入研钵中（也可取测定水分后的样品直接研磨），将试样研至出油状后，无损地转入滤纸筒内。用脱脂棉蘸取少量无水石油醚擦净研钵上的试样和脂肪，置于滤纸筒内，最后在滤纸筒上口塞一层脱脂棉。

4. 脂肪抽提

将滤纸筒封口后放入索氏提取器内（注意不能超过虹吸管高度），连接已干燥至恒重的提取瓶，从索氏提取器上端加入无水石油醚 100~150mL，通入冷凝水，于水浴上（夏天 60℃，冬天 75℃）加热回流提取 6~12h。

控制加热温度使冷凝管下端滴入索氏提取器的液滴为每分钟 120~150 滴，或者每小时回流 8~12 次。

5. 抽提效果检验

从抽提管下口取少量的石油醚并滴在干净的滤纸上，待石油醚挥干后，滤纸上不留有油脂的斑点则表示已经抽提完全，可停止提取。

6. 回收石油醚

取出滤纸筒，重新安装好索式提取器，利用索氏提取器回收石油醚。待提取瓶内石油醚只剩下 1~2mL 时，取下提取瓶，在水浴上挥发去掉溶剂，再于 100~105℃干燥 2h，取出放在干燥器内冷却 30min，称重，并重复操作至恒重。

溶剂必须蒸干后才能放入电热鼓风干燥箱烘干，否则会引起火灾。

五、结果计算

$$粗脂肪含量 = \frac{m_2 - m_1}{m} \times 100\%$$

式中　m——样品的质量（如为测定水分后的样品，以测定水分前的质量计），g

　　　m_1——提取瓶质量，g

　　　m_2——提取瓶和脂肪的质量，g

思 考 题

1. 为什么要用水浴加热？
2. 包扎样品的滤纸筒高度超过虹吸管高度会有什么影响？

实 验 八

卵磷脂的提取和鉴定

实验类型：验证性

教学时数：3 学时

卵磷脂的提取
和鉴定微课

一、实验目的

学习卵磷脂的提取和鉴定方法。

二、实验原理

卵磷脂（磷脂酰胆碱）是磷脂的一种，由甘油、磷酸、脂肪酸和胆碱组成：

$$
\begin{array}{c}
\quad\quad\quad\quad\quad O \\
\quad\quad\quad\quad\quad \| \\
\quad\quad CH_2-O-C-R_1 \\
O \quad\quad | \\
\| \quad\quad | \quad\quad O \quad\quad\quad\quad\quad CH_3 \\
R_2-C-O-CH \quad\quad \| \quad\quad\quad\quad\quad | \\
\quad\quad CH_2-O-P-O-CH_2-CH_2-N^+-CH_3 \\
\quad\quad\quad\quad\quad | \quad\quad\quad\quad\quad\quad\quad | \\
\quad\quad\quad\quad\quad O^- \quad\quad\quad\quad\quad\quad CH_3
\end{array}
$$

卵磷脂广泛存在于动植物中，在植物种子和动物的脑、神经组织、肝脏等组织细胞中含量丰富，在动物的卵黄中含量高达 $8\% \sim 10\%$。

卵磷脂易溶于醇、乙醚等非极性有机溶剂，可利用这些脂溶剂进行卵磷脂的提取。新提取的纯卵磷脂为白色蜡状物，在空气中放置一段时间后，其中的不饱和脂肪酸会发生氧化而变为黄褐色。卵磷脂的胆碱基在碱性条件下可以分解为三甲胺，三甲胺有特殊的鱼腥味，可作为卵磷脂的鉴别依据。

三、器材与试剂

1. 仪器

烧杯、量筒、玻璃棒、蒸发皿、试管、漏斗、电子天平、酒精灯、石棉网、三脚架、滤纸。

2. 实验材料

（鸡蛋）蛋黄。

3. 试剂

95%乙醇、100g/L NaOH 溶液。

四、实验内容

1. 提取

称取蛋黄约 2g 置于烧杯内。另取 15mL 95% 乙醇加热至略有热气冒出（无需沸腾）。将热乙醇缓慢倒入蛋黄中，边加边搅，冷却后过滤。将滤液倒入蒸发皿中，蒸汽浴蒸干，蒸发皿表面上的蜡状残留物即为粗提的卵磷脂。

2. 鉴定

用玻璃棒刮取少许提取物，放于试管内，加入 2mL 100g/L NaOH 溶液，水浴加热数分钟，嗅之是否有鱼腥味，以判断上述提取物的主要成分是否为卵磷脂。

思考题

1. 乙醇提取卵磷脂的原理是什么？

2. 在提取过程中如何除去卵黄中的其他生物大分子物质？

实 验 九

脂肪碘值的测定

实验类型：验证性

教学时数：4 学时

一、实验目的

（1）学习和掌握测定脂肪碘值的原理和方法，了解测定脂肪碘值的意义。

（2）了解和学习空白对照实验的原理和方法。

（3）掌握脂肪碘值测定方法的基本操作。

二、实验原理

脂肪碘值（价）是指 100g 脂肪在一定条件下吸收碘的质量（g）。脂肪碘值是鉴别脂肪的一个重要常数，可用以判断脂肪所含脂肪酸的不饱和程度。脂肪中常含有不饱和脂肪酸，不饱和脂肪酸具有一个或多个双键，能与卤素产生加成作用而吸收卤素。脂肪的不饱和程度越高，所含的不饱和脂肪酸越多，与其双键产生加成作用的碘量就越多，脂肪碘值就越高，故可用脂肪碘值表示脂肪的不饱和度。

$$I_2 + —CH\!=\!CH— \longrightarrow —CHI\!-\!CHI—$$

本实验用溴化碘（Hanus 试剂）代替碘和待测的脂肪作用后，用硫代硫酸钠滴定的方法测定溴化碘的剩余量，然后计算出待测脂肪吸收的碘量，求得脂肪碘值。

$$IBr + —CH\!=\!CH— \longrightarrow —CHI\!-\!CHBr—$$

三、器材与试剂

1. 器材

滴定管，碘量瓶，锥形瓶（带玻璃塞），量筒，吸量管，滴管，分析天平，烧杯。

2. 实验材料

花生油。

3. 试剂

（1）IBr 溶液（Hanus 溶液）　取 12.2g I_2，放入 1500mL 试剂瓶内，缓慢加入 1000mL 冰乙酸（99.5%），边加边摇，同时略温热，使 I_2 溶解。冷却后，加 Br_2 约 3mL。

（2）其他试剂　CCl_4，100g/L KI 溶液，结晶 $Na_2S_2O_3$，10g/L 淀粉溶液，$K_2Cr_2O_7$，固体 KI，4mol/L HCl 溶液，硼砂或 NaOH，淀粉指示液。

四、实验内容

1. 0. 1mol/L $Na_2S_2O_3$ 标准溶液的配制

取结晶 $Na_2S_2O_3$ 50g，溶于经煮沸后冷却的蒸馏水中，添加硼砂 7.6g 或 NaOH 1.6g（$Na_2S_2O_3$ 溶液在 pH 9~10 时最稳定），稀释到 2000mL。

2. $Na_2S_2O_3$ 标准溶液的标定

通常使用 $K_2Cr_2O_7$ 基准物标定溶液的浓度。$K_2Cr_2O_7$ 先与 KI 反应析出 I_2：

$$Cr_2O_7^{2-} + 6I^- + 14H^+ \longrightarrow 2Cr^{3+} + 3I_2 + 7H_2O$$

析出 I_2 的再用 $Na_2S_2O_3$ 标准溶液滴定：

$$I_2 + 2S_2O_3^{2-} \longrightarrow S_4O_6^{2-} + 2I^-$$

（1）用固定质量称量法称取在 120℃ 干燥至恒重的基准物 $K_2Cr_2O_7$ 1.2258g 于小烧杯中，加水溶解，定量转移到 250mL 容量瓶中，加水至刻线，混匀，备用。

（2）用吸量管量取 25.00mL $K_2Cr_2O_7$ 溶液于碘瓶中，加 KI 2g，蒸馏水 15mL，HCl 溶液（4mol/L）5mL，密塞，摇匀，封水，在暗处放置 10min。

（3）加蒸馏水 30mL 稀释，用 0.1mol/L $Na_2S_2O_3$ 标准溶液滴定至近终点，加淀粉指示液 2mL，继续滴定至蓝色消失而显亮绿色，即达终点。

（4）重复标定 2 次，相对偏差不能超过 0.2%。为防止反应产物 I_2 的挥发损失，平行试验的 KI 试剂不要在同一时间加入，应做一份加一份。

（5）结果计算见下式：

$$c_{Na_2S_2O_3} = \frac{6 \times c_{K_2Cr_2O_7} V_{K_2Cr_2O_7}}{V_{Na_2S_2O_3}} = \frac{6 \times 0.1000 \times 25.00}{V_{Na_2S_2O_3}}$$

式中　$c_{Na_2S_2O_3}$——$Na_2S_2O_3$ 标准溶液的浓度

　　　$V_{Na_2S_2O_3}$——$Na_2S_2O_3$ 标准溶液的体积

　　　$c_{K_2Cr_2O_7}$——$K_2Cr_2O_7$ 基准物溶液的浓度

　　　$V_{K_2Cr_2O_7}$——$K_2Cr_2O_7$ 基准物溶液的体积

日光能促进 $Na_2S_2O_3$ 溶液的分解，所以 $Na_2S_2O_3$ 标准溶液应贮存于棕色试剂瓶中，放置于暗处。经 8~14d 后再进行标定，长期使用的溶液应定期标定。

3. 碘值的测定

根据样品碘值的范围（表 1）确定样品称样量（表 2）。

表1			样品碘值的范围			
样品名称	亚麻籽油	鱼肝油	棉籽油	花生油	猪油	牛油
碘值/g	175~210	154~170	104~110	85~100	85~64	25~41

表2			样品称样量			
碘值/g	<30	30~60	61~100	101~140	141~160	161~210
样品称样量/g	约1.1	0.5~0.6	0.3~0.4	0.2~0.3	0.15~0.26	0.13~0.15
作用时间/h	0.5	0.5	0.5	1.0	1.0	1.0

（1）准确称取 0.3~0.4g 花生油（不同材料根据上述表格可确定用量），置于干燥的锥形瓶内，切勿使油粘在瓶颈或壁上。加入 10mL CCl_4，轻轻摇动，使油全部溶解。用滴定管仔细加入 25mL IBr 溶液，勿使溶液接触瓶颈，塞好瓶塞，在 20~30℃ 避光处放置 30min，并不时轻轻摇动。油吸收的碘量不应超过 IBr 溶液所含 I_2 量的一半，若瓶内混合物的颜色很浅，表示油用量过多，应改称取较少量的油。

（2）放置 30min 后，立刻小心地打开胶塞，加入新配制的 100g/L KI 溶液 10mL 和蒸馏水 50mL，混合均匀。用 0.1mol/L $Na_2S_2O_3$ 标准溶液迅速滴至浅黄色。加入 10g/L 淀粉溶液约 1mL，继续滴定，将近终点时，用力震荡，使 CCl_4 中的 I_2 单质全部进入水溶液内，再滴定至蓝色消失为止，即达滴定终点。另作 1 份空白试剂，除不加油样品外，其余操作相同。

滴定后，将废液倒入废液缸内，以便回收 CCl_4，计算脂肪碘值。

五、结果计算

碘值表示 100g 脂肪所能吸收碘的质量（g），因此样品脂肪碘值的计算如下：

$$脂肪碘值 = \frac{(V_A - V_B) \times m_T}{m_C} \times 100$$

式中　V_A——滴定空白用去的 $Na_2S_2O_3$ 标准溶液的平均体积，mL

　　　V_B——滴定 KI 后样品用去的 $Na_2S_2O_3$ 标准溶液的平均体积，mL

　　　m_C——样品的质量，g

　　　m_T——1mL 0.1mol/L 的 $Na_2S_2O_3$ 标准溶液相当的 I_2 的质量，$m_T = 0.01269g/mL$

六、注意事项

（1）碘瓶必须洁净，干燥，否则油中含有水分，会导致反应不完全。

（2）加碘试剂后，如发现碘瓶中颜色变为浅褐色，表明试剂不够用，必须再添加 10~15mL 试剂。

（3）如加入碘试剂后，液体变浊，表明油脂在 CCl_4 中溶解不完全，可再加些 CCl_4。

（4）接近滴定终点时，用力震荡以防滴定过头或不足是本实验滴定成败的关键之一，如震荡不够，CCl_4层会出现紫色或红色，此时应用力震荡，使之进入水层。

思考题

1. 测定脂肪碘值有何意义？液体油和固体脂碘值间有何区别？

2. 滴定过程中，淀粉指示液为何不能过早加入？

3. 滴定完毕放置一段时间，溶液应返回蓝色，否则表示滴定过量，为什么？

实　验　十

油脂酸价的测定

实验类型：	综合性
教学时数：	3 学时

油脂酸价的
测定微课

一、实验目的

（1）了解常见食用油脂酸价的测定标准。

（2）了解食用油脂酸价的含义及与油脂品质的关系。

（3）掌握油脂酸价测定的原理及方法。

二、实验原理

用有机溶剂将油脂试样溶解成样品溶液，再用 KOH 或 NaOH 标准溶液滴定样品溶液中的游离脂肪酸，以酚酞为指示剂，通过滴定终点消耗的标准碱液的体积计算油脂试样的酸价。

三、器材与试剂

1. 器材

碱式滴定管，分析天平，250mL 锥形瓶等。

2. 实验材料

玉米油。

3. 试剂

（1）0.1mol/L 或者 0.5mol/L KOH 或 NaOH 标准溶液　按照 GB/T 601—2016 要求配制，临用前标定。

（2）乙醚-异丙醇混合液　500mL 的乙醚与 500mL 的异丙醇充分互溶混合，用时现配。

（3）10g/L 酚酞指示剂　称取 1g 酚酞，加入 100mL 的 95% 的乙醇溶液并搅拌至完全溶解。

（4）20g/L 百里酚酞指示剂　称取 2g 的百里酚酞，加入 100mL 的 95% 的乙醇溶液并搅拌至完全溶解。

四、实验内容

1. 试样制备

若食用油脂样品常温下呈液态，且为澄清液体，则充分混匀后直接取样，否则应进行除杂和脱水处理。

2. 试样称量

根据制备试样的颜色和估计的酸价，按照表1规定称量试样。

表1   油脂试样称样量

估计的酸价/(mg/g)	试样的最小称样量/g	使用滴定液的浓度/(mol/L)	试样称量的精确度/g
0~1（含）	20	0.1	0.05
1（不含）~4（含）	10	0.1	0.02
4（不含）~15（含）	2.5	0.1	0.01
15（不含）~75（含）	0.5~3.0	0.1 或 0.5	0.001
>75	0.2~1.0	0.5	0.001

试样称样量和滴定液浓度应使滴定液用量在 0.2~10mL（扣除空白后）。若检测后，发现样品的实际称样量与该样品酸价所对应的应有称样量不符，应按照表1要求，调整称样量后重新检测。

3. 试样测定

取一个干净的 250mL 的锥形瓶，按照表1的要求用天平称取制备的油脂试样。加入乙醚-异丙醇混合液 50~100mL 和 3~4 滴的酚酞指示剂，充分振摇溶解试样。再用装有标准滴定溶液的碱式滴定管对试样溶液进行滴定，当试样溶液初现微红色，且 15s 内无明显褪色时，为滴定的终点。立刻停止滴定，记录下此滴定所消耗的标准滴定溶液的体积，此数值为 V。对于深色泽的油脂样品，可用百里香酚酞指示剂，当颜色从无色变为蓝色时为百里香酚酞的滴定终点。

4. 空白测定

另取一个干净的 250mL 的锥形瓶，准确加入与试样测定时相同体积、相同种类的有机溶剂混合液和指示剂，振摇混匀。然后用装有标准滴定溶液的碱式滴定管进行手工滴定，当溶液初现微红色，且15s内无明显褪色时，为滴定的终点。立刻停止滴定，记录滴定所消耗的标准滴定溶液的体积，此数值为V_0。

五、结果计算

$$X = \frac{(V - V_0) \times c \times 56.1}{m}$$

式中　X——酸价，mg/g

　　　V——试样测定所消耗的标准滴定溶液的体积，L

　　　V_0——相应的空白测定所消耗的标准滴定溶液的体积，L

　　　c——标准滴定溶液的浓度，mol/L

　　56.1——KOH 的摩尔质量，g/mol

　　　m——油脂样品的称样量，g

酸价≤1mg/g，计算结果保留 2 位小数；1mg/g<酸价≤100mg/g，计算结果保留 1 位小数；酸价>100mg/g，计算结果保留至整数位。

精密度要求：当酸价<1mg/g 时，在重复条件下获得的两次独立测定结果的绝对差值不得超过算术平均值15%；当酸价≤1mg/g 时，在重复条件下获得的两次独立测定结果的绝对差值不得超过算术平均值12%。

思 考 题

1. 实验中加入的乙醚–异丙醇混合溶液有什么作用？

2. 若滴定过程中溶液出现浑浊该如何处理？

实验十一

油脂过氧化值的测定

实验类型：综合性
教学时数：3 学时

一、实验目的

（1）熟悉食用油脂的卫生指标。

（2）了解反映油脂氧化酸败的指标。

（3）掌握油脂过氧化值的测定原理和方法。

二、实验原理

油脂氧化过程中产生的过氧化物，在酸性条件下与 KI 作用，生成游离碘，以 $Na_2S_4O_6$ 标准溶液滴定，可计算其含量，化学反应式如下：

$$CH_3COOH + KI \longrightarrow CH_3COOK + HI$$
$$ROOH（过氧化物）+ 2HI \longrightarrow ROH + H_2O + I_2 \Big\} 样品反应$$
$$I_2 + 2NaS_2O_3 \longrightarrow 2NaI + Na_2S_4O_6 \quad 滴定时的反应$$

过氧化值反映了油脂是否新鲜及氧化酸败的程度。过氧化值是油脂分析中的一项常规卫生指标，但并非决定性数值。

三、器材与试剂

1. 器材

250mL 碘量瓶，10mL 滴定管（最小刻度为 0.05mL），25mL 或 50mL 滴定管（最小刻度为 0.1mL），感量为 1，0.01mg 的天平，旋转蒸发仪，玻璃研钵，玻璃漏斗。

2. 试剂

（1）0.1mol/L $Na_2S_2O_3$ 标准溶液　称取 26g $Na_2S_2O_3$（$Na_2S_2O_3 \cdot 5H_2O$），加 0.2g 无水碳酸钠，溶于 1000mL 水中，缓缓煮沸 10min，冷却。放置两周后过滤，用重铬酸钾（$K_2Cr_2O_7$）标定。临用前分别稀释成 0.01，0.002mol/L $Na_2S_2O_3$ 标准溶液。

（2）三氯甲烷-冰乙酸混合液（体积比为 40：60）　量取 40mL 三氯甲烷，加 60mL 冰乙酸，混匀。

（3）饱和 KI 溶液　称取 20g KI，加入 10mL 新煮沸冷却的水，摇匀后贮于棕色瓶中，存放于避光处备用。

（4）10g/L 淀粉指示剂　称取 0.5g 可溶性淀粉，加少量水调成糊状，边搅拌边倒入 50mL 沸水，再煮沸搅匀后，放冷备用，临用前配制。

（5）其他试剂　无水硫酸钠，石油醚（沸程为 30~60℃）。

四、实验内容

1. 试样制备

对液态样品，振摇装有试样的密闭容器，充分均匀后直接取样；对固态样品，选取有代表性的试样置于密闭容器中混匀后取样。以小麦粉、谷物、坚果等植物性食品为原料，经油炸、膨化、烘烤、调制、炒制等加工工艺而制成的食品，从全部样品中取出有代表性样品的可食部分，在玻璃研钵中研碎。将粉碎的样品置于广口瓶中，加入 2~3 倍样品体积的石油醚，摇匀，充分混合后静置浸提 12h 以上。经装有无水硫酸钠的玻璃漏斗过滤，取滤液，在低于 40℃ 的水浴中，用旋转蒸发仪减压蒸干石油醚，残留物即为待测试样。

2. 试样测定

应避免在阳光直射下进行试样测定。称取制备的试样 2~3g（精确至 0.001g），置于250mL碘量瓶中，加入30mL三氯甲烷-冰乙酸混合液，轻轻振摇使试样完全溶解。准确加入 1.00mL 饱和 KI 溶液，塞紧瓶盖，并轻轻振摇 0.5min，在暗处放置 3min。取出加 100mL 水，摇匀后立即用 $Na_2S_2O_3$ 标准溶液（过氧化值估计值在 0.15g/100g 及以下时，用 0.002mol/L 标准溶液；过氧化值估计值大于 0.15g/100g 时，用 0.01mol/L 标准溶液）滴定析出的 I_2，滴定至淡黄色时，加 1mL 淀粉指示剂，继续滴定并强烈振摇至溶液蓝色消失为终点。同时进行空白测定，空白测定所消耗 0.01mol/L $Na_2S_2O_3$ 标准溶液体积 V_0 不得超过 0.1mL。

五、结果计算

$$过氧化值 = \frac{(V_1 - V_0) \times c}{2m} \times 1000(\text{mmol/kg})$$

式中　V_1——试样测定用去的 $Na_2S_2O_3$ 标准溶液体积，mL

　　　V_0——空白测定用去的 $Na_2S_2O_3$ 标准溶液体积，mL

　　　c ——$Na_2S_2O_3$ 标准溶液的浓度，mol/L

　　　m——试样质量，g

计算结果以重复性条件下获得的两次独立测定结果的算术平均值表示，结果保留两位有效数字。在重复性条件下获得的两次独立测定结果的绝对差值不得超过算术平均值的10%。

思考题

1. 实验中配制的饱和 KI 溶液为什么使用前要用三氯甲烷-冰乙酸混合液及淀粉指示剂进行检验？

2. 深度氧化酸败的油脂过氧化值一定非常高吗？为什么？

实验十二

食品中磷脂含量的测定

实验类型： 验证性
教学时数： 3 学时

一、实验目的

学习食品中磷脂含量的测定方法。

二、实验原理

食品中磷脂经溶剂提取并灼烧成为五氧化二磷，被热盐酸溶解变成磷酸，遇钼酸钠产生磷钼酸钠，用硫酸联氨还原成钼蓝。用分光光度计在波长 650nm 处，测定钼蓝的吸光度，与标准曲线比较，计算其含量。

三、器材和试剂

1. 器材

分光光度计（配 1cm 比色皿），离心机，超声波清洗器，电子分析天平，马弗炉，封闭电炉，100mL 瓷坩埚或石英坩埚（能承受最低温度 600℃），G3 玻璃砂芯坩埚，比色管，移液管等。

2. 试剂

除非另有规定，本实验所用试剂均为分析纯，水为 GB/T 6682—2008 规定的三级水。

（1）三氯甲烷-甲醇溶液（体积比2：1）　将2倍体积的三氯甲烷与1倍体积的甲醇混合。

（2）25g/L钼酸钠稀硫酸溶液　量取140mL浓H_2SO_4，注入300mL水中，冷却至室温，加入12.5g钼酸钠，溶解后用水定容至500mL，充分摇匀，静置24h备用。

（3）0.15g/L硫酸联氨溶液　将0.15g硫酸联氨溶解在1L水中。

（4）50g/L KOH溶液　将50g KOH溶解在50mL水中。

（5）盐酸溶液（体积比1：1）　将盐酸（密度$\rho=1.19g/mL$）稀释在等体积的水中。

（6）磷酸盐标准贮备液　称取在105℃±2℃下干燥2h的磷酸二氢钾0.4387 g，用水溶解并稀释定容至1000mL，此溶液含磷0.1mg/mL。

（7）磷酸盐标准溶液　用移液管吸取标准贮备液10mL，于100mL容量瓶中，加水稀释并定容，此溶液含磷0.01mg/mL。

（8）氧化锌。

四、实验内容

1. 样品提取

称取试样2~5g（精确至0.01g）于50mL离心管中，加入30mL三氯甲烷-甲醇溶液，涡旋混匀，超声30min，离心5min（5000 r/min）。经G3玻璃砂芯坩埚过滤，用10mL三氯甲烷-甲醇溶液分两次冲洗G3玻璃砂芯坩埚，滤液合并于坩埚中，将此坩埚放在60~80℃的水浴中蒸干，得到的提取物用于后续的分析测试。

2. 试液制备

在样品提取物中加氧化锌0.5g，先在电炉上缓慢加热至近干，逐渐加热至全部炭化。将坩埚送至550~600℃的马弗炉中灼烧至完全灰化（白色），时间约2h。取出坩埚冷却至室温，用10mL盐酸溶液溶解灰分并加热至微沸，5min后停止加热，待溶解液温度降至室温，将溶解液过滤注入100mL容量瓶中，每次用大约5mL热水冲洗坩埚和过滤器共3~4次。待滤液冷却到室温后，用KOH溶液中和至出现混浊，缓慢滴加盐酸溶液使氧化锌沉淀全部溶解，再加2滴。最后用水稀释定容至刻度，摇匀。

3. 空白实验

除不加入样品提取物外，均按上述进行。

4. 绘制标准曲线

取六支 50mL 比色管，编成 0，1，2，4，6，8 六个号码。按号码顺序分别注入磷酸盐标准溶液 0，1，2，4，6，8mL，再按顺序分别加水 10，9，8，6，4，2mL。接着向六支比色管中分别加入硫酸联氨溶液 8mL，钼酸钠溶液 2mL。加塞，振摇 3~4 次。去塞，将比色管放入沸水浴中加热 10min，取出，冷却至室温。用水稀释至刻度，充分摇匀，静置 10min。移取该溶液至干燥洁净的比色皿中，用分光光度计在波长 650nm 处，用空白试样调零，分别测定吸光度。以吸光度为纵坐标，含磷量（0.01，0.02，0.04，0.06，0.08mg）为横坐标绘制标准曲线。

5. 比色

用移液管吸取被测试液 10mL，注入 50mL 比色管中。加入硫酸联氨溶液 8mL，钼酸钠溶液 2mL。加塞，振摇 3~4 次，去塞，将比色管放入沸水浴中加热 10min，取出，冷却至室温。用水稀释至刻度，充分摇匀，静置 10min。移取该溶液至比色皿中，用分光光度计在波长 650nm 处，用空白试样调零，测定其吸光度。

五、结果计算

$$X = \frac{c}{m} \times \frac{V_1}{V_2} \times 26.31$$

式中　X——磷脂含量，mg/g

　　　c——标准曲线查得的被测液的含磷量，mg

　　　m——试样质量，g

　　　V_1——样品灰化后稀释的体积，mL

　　　V_2——比色时所取的被测液的体积，mL

　　26.31——每毫克磷相当于磷脂的质量

当被测液的吸光度大于 0.8 时，需适当减少吸取被测液的体积，以保证被测液的吸光度在0.8以下。每份样品应平行测试两次，平行试样测定的结果符合精密度要求时，取其算术平均值作为结果。

在重复条件下获得的两次独立测定结果的绝对差值不得超过算术平均值的10%。

思考题

磷脂的营养特性是什么？

实验十三

蛋白质的性质实验（一）——蛋白质呈色反应

实验类型：验证性

教学时数：3学时

蛋白质呈色
反应微课

一、实验目的

学习鉴定蛋白质的方法及原理。

二、实验原理

1. 双缩脲反应

尿素分子加热到180℃左右，生成双缩脲并放出1分子 NH_3。双缩脲在碱性环境中能与 Cu^{2+} 结合生成紫红色的化合物，此反应称为双缩脲反应：

蛋白质分子中有肽键，其结构与双缩脲相似，也能发生此反应。此法可用于蛋白质的定性或定量测定。因此，一切蛋白质或二肽以上的多肽都有双缩脲反应，但有双缩脲反应的物质不一定都是多肽或蛋白质。

2. 茚三酮反应

除脯氨酸、羟脯氨酸与茚三酮反应生成黄色物质外，所有 α-氨基酸及一切蛋白质都能和茚三酮反应生成紫色物质。β-丙氨酸、氨以及许多一级胺也都与茚三酮呈阳性反应。此反应的适宜 pH 为 $5\sim7$，同一浓度的蛋白质或氨基酸溶液，在不同 pH 条件下的呈色深浅不同，酸度过大时甚至不显色。

该反应十分灵敏，是一种常用的氨基酸定量测定方法。

3. 考马斯亮蓝反应

考马斯亮蓝（G250）在酸性溶液中以游离态存在，呈棕红色。它与蛋白质通过疏水作用结合后呈蓝色。考马斯亮蓝染色灵敏度高，反应速度快，蛋白质在 $0.01\sim1.0$mg 时，蛋白质浓度与 A_{595} 值成正比。该显色法常用来测定蛋白质含量。

三、器材与试剂

1. 器材

试管、试管夹、烧杯、酒精灯、石棉网、三脚架。

2. 试剂

尿素，100g/L NaOH 溶液，10g/L CuSO$_4$ 溶液，20g/L 卵清蛋白溶液，1g/L 甘氨酸溶液，1g/L 茚三酮水溶液，1g/L 茚三酮-乙醇溶液。

0.1g/L 考马斯亮蓝染液：考马斯亮蓝（G250）100mg 溶于 50mL 95%乙醇中，加 100mL 85%磷酸混匀，为原液。临用前取原液 15mL，加蒸馏水定容至 100mL，过滤。

四、实验内容

1. 双缩脲反应

（1）取少量尿素结晶放在干燥的试管中，用微火加热使尿素熔化，当熔化的尿素开始硬化时，停止加热。尿素释放出氨气，形成双缩脲。冷却后，向试管内加入 1mL 100g/L NaOH 溶液，振荡混匀，再加入 1 滴 10g/L CuSO$_4$ 溶液，振荡混匀，观察颜色变化。CuSO$_4$ 不能过量，以免生成蓝色 Cu（OH）$_2$。

（2）另取一支试管，加入 1mL 20g/L 卵清蛋白溶液和 2mL 100g/L NaOH 溶液，混匀，再加入 1~2 滴 10g/L CuSO$_4$ 溶液，振荡混匀，观察颜色变化。

2. 茚三酮反应

（1）取两支试管，分别加入卵清蛋白溶液和甘氨酸溶液各 1mL，再各加 0.5 mL 1g/L 茚三酮水溶液，混匀，在沸水浴中加热 1~2min，观察颜色变化。

（2）在一小块滤纸上滴 1 滴 1g/L 甘氨酸溶液，风干后，再在原处滴 1 滴 1g/L 茚三酮-乙醇溶液，在微火旁烘干，观察紫红色斑点的出现。

3. 考马斯亮蓝反应

（1）$V_{新鲜蛋清}$: $V_{水}$ = 1 : 20。

（2）取 2 支试管，按表 1 加入试剂，观察颜色变化。

表 1	考马斯亮蓝反应试剂表		
管号	蛋白质溶液体积/mL	蒸馏水体积/mL	考马斯亮蓝染液体积/mL
1	0	1	5
2	0.1	0.9	5

思 考 题

在茚三酮反应中，蛋白质与氨基酸的反应现象有何不同？分析其可能的原因。

实 验 十 四

蛋白质的性质实验（二）——蛋白质沉淀反应

实验类型：验证性
教学时数：3 学时

蛋白质沉淀
反应微课

一、实验目的

（1）加深对蛋白质胶体溶液稳定因素的认识。

（2）了解蛋白质变性与沉淀的关系。

（3）学习沉淀蛋白质的几种方法。

二、实验原理

水溶液中的蛋白质分子由于表面生成水化层和双电层而成为稳定的亲水胶体颗粒，在一定理化因素影响下蛋白质颗粒可因失去电荷和脱水而沉淀。蛋白质的沉淀反应可分为以下两类。

1. 可逆性沉淀反应

蛋白质分子的结构尚未发生显著性变化，除去引起沉淀的因素后，蛋白质的沉淀仍能溶于原来的溶剂中，并保持其天然性质。如盐析作用或低温下的有机溶剂沉淀法，此类反应常用于蛋白质的提纯实验中。

2. 不可逆性沉淀反应

蛋白质分子的结构发生重大改变，蛋白质常因变性而沉淀，不能再溶于原来的溶剂中，如加热、重金属沉淀或与某些有机酸的反应。但是在某些情况下，蛋白质虽然发生变性，但由于维持溶液稳定的条件仍然存在，所以蛋白质并不一定会发生沉淀。

三、器材与试剂

1. 器材
离心机。

2. 试剂
$(NH_4)_2SO_4$ 结晶粉末，$(NH_4)_2SO_4$ 饱和溶液，50g/L 卵清蛋白溶液，30g/L 硝酸银溶液，50g/L 三氯乙酸溶液，95%乙醇。

四、实验内容

1. 盐析
向试管内加入 5mL 50g/L 卵清蛋白溶液，然后加入等量的 $(NH_4)_2SO_4$ 饱和溶液，混匀后静置数分钟，观察球蛋白的析出。取少量混浊液，加入一定量水，观察沉淀是否溶解？将试管内溶液过滤，向滤液中加（NH₄）₂SO₄结晶粉末直到不能溶解为止，观察清蛋白的析出。放置片刻倾出上清液，向沉淀中加一定量的水，观察沉淀是否溶解？为什么？

2. 重金属离子沉淀蛋白质

向试管内加入 2mL 50g/L 卵清蛋白溶液，然后加入 1~2 滴 30g/L 硝酸银溶液，观察沉淀析出。放置片刻倾出上清液，向沉淀中加一定量的水，观察沉淀是否溶解？为什么？

3. 有机酸沉淀蛋白质

向试管内加入 2mL 50g/L 卵清蛋白溶液，然后加入 1mL 50g/L 三氯乙酸溶液，混匀，观察沉淀的生成。放置片刻倾出上清液，向沉淀中加一定量的水，观察沉淀是否溶解？为什么？

4. 有机溶剂沉淀蛋白质

向试管内加入 2mL 50g/L 卵清蛋白溶液和 2mL 95％乙醇溶液，混匀，观察沉淀生成，取沉淀加水，观察沉淀是否溶解？为什么？

思考题

分析几种蛋白质沉淀的原理及其应用方向。

实 验 十 五

氨基酸总量（氨态氮）的测定——甲醛滴定法

实验类型： 验证性
教学时数： 3 学时

氨基酸总量的
测定微课

一、实验目的

（1）了解氨基酸态氮的测定方法。

（2）掌握单指示剂与双指示剂甲醛滴定法测氨基酸总量的原理和基本操作技术。

（3）掌握 NaOH 溶液的标定方法。

二、实验原理

氨基酸具有酸、碱两重性质，因为氨基酸含有羧基（—COOH）显酸性，又含有氨基（—NH$_2$）显碱性。这两个基团相互作用，使氨基酸成为中性的内盐。当加入甲醛溶液时，氨基与甲醛结合，其碱性消失，破坏内盐的存在，使氨基酸显示羧基的酸性，然后可用碱来滴定羧基，以间接方法测定氨基酸的量。

1. 单指示剂甲醛滴定法

百里酚酞指示剂变色范围是 pH 9.2~10.5，颜色变化是由无色到蓝色。在试样中加入中性甲醛溶液后，固定氨基，破坏氨基酸的内盐结构，使其显示出酸性。然后用 NaOH 溶液滴定，根据指示剂的颜色变化，确定滴定终点。根据消耗的 NaOH 溶液的量，计算出氨基酸的量。

2. 双指示剂甲醛滴定法

双指示剂甲醛滴定法与单指示剂法相同，但使用两种指示剂。从分析结果看，双指示剂甲醛滴定法与亚硝酸氮气容量法相近，亚硝酸氮气容量法操作复杂，在这里不作介绍，而单指示剂滴定法偏低，主要因为单指示剂甲醛滴定法是以氨基酸溶液 pH 9.2 作为百里酚酞的终点。中性红指示剂的变色范围为 pH 6.8~8.0。而双指示剂是以氨基酸溶液的 pH 作为中性红的终点，pH 大约为 7.0，故从理论计算看，双色滴定法较为准确。

三、器材与试剂

1. 器材设备

烧杯，称量瓶，电子天平，锥形瓶，胶头滴管，量筒，碱式滴定管，滴定台，蝴蝶夹等。

2. 试剂

邻苯二甲酸氢钾（固体），酚酞指示剂，40%中性甲醛溶液，1g/L百里酚酞指示剂（麝香草酚酞乙醇溶液），0.1mol/L NaOH 标准溶液，1g/L中性红溶液。

四、实验内容

1. 0.1mol/L NaOH 标准溶液的标定

用减量法准确称取在105℃干燥至恒重的基准邻苯二甲酸氢钾3份，每份0.4~0.5g，分别置于250mL锥形瓶中，加入新沸过的冷水50mL溶解。然后加2滴酚酞指示剂，用NaOH标准溶液滴定至溶液刚好由无色变成粉红色，并保持30s不退色为滴定终点。记下所消耗NaOH标准溶液的体积。平行测定三次，根据消耗的NaOH标准溶液的体积，计算NaOH标准溶液的精确浓度和相对平均偏差。要求测定的相对平均偏差在0.2%以内。

2. 单指示剂甲醛滴定法测样品氨基酸含量

称取一定量样品（约含20mg左右的氨基酸）于烧杯中（如为固体加水50mL），加2~3滴百里酚酞指示剂，用0.1mol/L NaOH标准溶液滴定至淡蓝色。加入中性甲醛溶液20mL，以固定氨基，摇匀，静置1min，此时蓝色应消失。再用NaOH标准溶液滴定至淡蓝色。记录两次滴定所消耗的NaOH标准溶液的体积。

3. 双指示剂甲醛滴定法

取相同的两份样品，分别放于100mL锥形瓶中，其中一份加入中性红指示剂2~3滴，用NaOH标准溶液滴定至终点，滴定终点的颜色变化是由红色变为琥珀色，记录NaOH标准溶液的用量。在另一份中加入百里酚酞指示剂3滴和中性甲醛溶液20mL，摇匀，固定氨基，然后以NaOH标准溶液滴定至淡蓝色，记录消耗的NaOH标准溶液的量。

若测定样品的颜色较深，应加活性炭脱色之后再滴定。

五、结果计算

（1）计算 0.1mol/L NaOH 标准溶液的精确浓度和相对偏差。

（2）单指示剂甲醛滴定法测定样品中氨基酸含量的计算如下：

$$氨基酸态氮含量 = \frac{V}{m} \times c \times \frac{M}{1000} \times 100\%$$

式中 c——NaOH 标准溶液的浓度，mol/L

V——NaOH 标准溶液消耗的总量，mL

m——样品的质量（或体积），g（或 mL）

M——$\frac{1}{2}N_2$ 的摩尔质量，14.01g/mol

（3）双指示剂甲醛滴定法测定样品中氨基酸含量的计算如下：

$$氨基酸态氮含量 = \frac{(V_2 - V_1)}{m} \times c \times \frac{M}{1000} \times 100\%$$

式中 V_2——以百里酚酞为指示剂时标准碱液消耗量，mL

V_1——以中性红为指示剂时碱液的消耗量，mL

c——NaOH 标准溶液的浓度，mol/L

m——样品的质量（或体积），g（或 mL）

M——$\frac{1}{2}N_2$ 的摩尔质量，14.01g/mol

思考题

1. 氨态氮的测定方法有哪几种？

2. 双指示剂甲醛滴定法的测定原理是什么？

实验十六

卵清蛋白的醋酸纤维薄膜电泳

实验类型： 综合性
教学时数： 6 学时

醋酸纤维薄膜
电泳分离血清
蛋白微课

一、实验目的

学习醋酸纤维薄膜电泳的操作，了解电泳技术的一些原理。

二、实验原理

卵清中含有数种蛋白质，它们的等电点大都在 pH 6 以下，因此在 pH 6 的缓冲液都以阴离子状态存在，通电后都向阳极移动，由于它们所带的电荷数目和相对分子质量不同，在电场中泳动的速度不同，故可利用电泳法将它们分离。

醋酸纤维薄膜由二乙酸纤维制成，它具有均一的泡沫状结构，厚度仅为 120μm，渗透性强，对分子移动无阻力，用它作为区带电泳的支持物，具有用量少，分离清晰，无吸附作用，快速简便等优点，目前已广泛应用于血清蛋白、脂蛋白、血红蛋白、糖蛋白及酶的分离和免疫电泳等。

三、器材与试剂

1. 器材

醋酸纤维薄膜（2cm×8cm），常压电泳仪，毛细管，培养皿，玻璃板，竹镊子，粗滤纸，点样器，光密度计等。

2. 实验材料

新鲜卵清（加 5 倍体积的水稀释）。

3. 试剂

巴比妥缓冲液（pH8.6，离子强度 0.07mol/L），氨基黑染色液，漂洗液，透明液。

四、实验内容

1. 浸泡

用竹镊子取醋酸纤维薄膜一条（识别出光泽面与无光泽面，并在角上用铅笔做上记号），放在缓冲液中浸泡 20min。

2. 点样

把膜条从缓冲液中取出，夹在两层粗滤纸内吸干多余的液体，然后平铺在玻璃板上（无光泽面朝上）。用毛细管取卵清 2~3μL，均匀涂在点样器上，然后将点样器在膜条一端 1.5cm 处轻轻地水平接触，随即提起，这样卵清样品即呈条状溶于纤维薄膜上。

3. 电泳

在电泳槽内加入缓冲液，使两个电极槽内的液面等高，将膜条平贴于泳槽支架的滤纸桥上，点样端靠近负极，盖严电泳室，通电进行电泳，调电压至 160V，电流强度 0.4~0.7mA/cm，电泳时间约为 1h。

4. 染色

电泳完毕后将膜条取下并放在染色液中浸泡 10min。

5. 漂洗

将膜条从染色液中取出后移置到漂洗液中漂洗数次（3~4 次）至无蛋白区底色脱净为止，再浸入蒸馏水中。

6. 透明和支持

将上述漂净的薄膜用滤纸吸干，待完全干燥后，浸入透明液中 2~3min，然后取出平贴于洁净玻璃板上，干燥后即得背景透明的电泳图谱，可用光密度计直接测定各蛋白斑点，此图谱可长期保存。

思考题

1. 蛋白质电泳的支持物有哪些？
2. 用醋酸纤维薄膜做电泳支持物有什么优点？

实验十七

食品中蛋白质总氮含量的测定

实验类型： 验证性
教学时数： 3 学时

一、实验目的

学习凯氏定氮法测定食品中蛋白质含量的原理和步骤。

二、实验原理

食品中的蛋白质在催化加热条件下被分解，产生的氨与硫酸结合生成硫酸铵。碱化蒸馏使氨游离，用硼酸吸收后以硫酸或盐酸标准滴定溶液滴定，根据酸的消耗量计算氮含量，再乘以换算系数，即为蛋白质的含量。

三、器材与试剂

1. 器材

电子分析天平，定氮蒸馏装置，自动凯氏定氮仪，小漏斗，石棉网，容量瓶等。

2. 试剂

除非另有说明，本方法所用试剂均为分析纯，水为 GB/T 6682—2008 规定的三级水。

（1）硼酸溶液（20g/L）　称取 20g 硼酸（H_3BO_3），加水溶解后稀释至 1000mL。

（2）NaOH 溶液（400g/L）　称取 40g NaOH 加水溶解后，放冷，稀释至 100mL。

（3）HCl 标准滴定溶液（1.000mol/L）。

（4）甲基红乙醇溶液（1g/L）　称取 0.1g 甲基红，溶于 95% 乙醇，用 95% 乙醇稀释至 100mL。

（5）亚甲基蓝乙醇溶液（1g/L）　称取 0.1g 亚甲基蓝，溶于 95% 乙醇，用 95% 乙醇稀释至 100mL。

（6）溴甲酚绿乙醇溶液（1g/L）　称取 0.1g 溴甲酚绿，溶于 95% 乙醇，用 95% 乙醇稀释至 100mL。

（7）A 混合指示液　2 份甲基红乙醇溶液与 1 份亚甲基蓝乙醇溶液临用时混合。

（8）B 混合指示液　1 份甲基红乙醇溶液与 5 份溴甲酚绿乙醇溶液临用时混合。

（9）浓 H_2SO_4 硫酸铜（$CuSO_4 \cdot 5H_2O$）和硫酸钾（K_2SO_4）。

四、实验内容

1. 试样处理

称取充分混匀的固体试样 0.2～2g、半固体试样 2～5g 或液体试样 10～25g（相当于 30～40mg 氮），精确至 0.001g，移入干燥的 100mL、250mL 或 500mL 定氮瓶中，加入 0.4g 硫酸铜、6g 硫酸钾及 20mL 浓 H_2SO_4，轻摇后于瓶口放一小漏斗，将瓶以 45° 角斜支于有小孔的石棉网上。小心加热，待内容物全部炭化，泡沫完全停止后，加强火力，并保持瓶内液体微沸。至液体呈蓝绿色并澄清透明后，再继续加热 0.5～1h。取下放冷，小心加入 20mL 水。放冷后，移入 100mL

容量瓶中，并用少量水洗定氮瓶，洗液并入容量瓶中，再加水至刻度，混匀备用。同时做试剂空白实验。

2. 安装装置

装好定氮蒸馏装置，向水蒸气发生器内装水至 $\frac{2}{3}$ 处，加入数粒玻璃珠，加甲基红乙醇溶液数滴及几滴浓 H_2SO_4，使水保持酸性，加热煮沸水蒸气发生器内的水并保持沸腾。

3. 定氮蒸馏

向接受瓶内加入 10.0mL 硼酸溶液及 1~2 滴 A 混合指示液或 B 混合指示液，并使冷凝管的下端插入液面下，根据试样中氮含量，准确吸取 2.0~10.0mL 试样处理液由小玻杯注入反应室，以 10mL 水洗涤小玻杯并使之流入反应室内，随后塞紧棒状玻塞。将 10.0mL NaOH 溶液倒入小玻杯，提起玻塞使其缓缓流入反应室，立即将玻塞盖紧，并水封，夹紧螺旋夹，开始蒸馏。蒸馏 10min 后，移动蒸馏液接收瓶，液面离开冷凝管下端，再蒸馏 1min。然后用少量水冲洗冷凝管下端外部，取下蒸馏液接收瓶。尽快以 HCl 标准滴定溶液滴定至终点。如用 A 混合指示液，终点颜色为灰蓝色；如用 B 混合指示液，终点颜色为浅灰红色。同时做试剂空白实验。

4. 自动凯氏定氮仪法

称取充分混匀的固体试样 0.2~2g、半固体试样 2~5g 或液体试样 10~25g（约当于 30~40mg 氮），精确至 0.001g，至消化管中，再加入 0.4g 硫酸铜、6g 硫酸钾及 20mL 浓 H_2SO_4 于消化炉进行消化。当消化炉温度达到 420℃之后，继续消化 1h，此时消化管中的液体呈绿色透明状，取出冷却后加入 50mL 水，于自动凯氏定氮仪（使用前加入 NaOH 溶液、HCl 标准滴定溶液以及含有 A 或 B 混合指示液的硼酸溶液）上实现自动加液、蒸馏、滴定和记录滴定数据的过程。

五、结果计算

试样中蛋白质的含量计算：

$$X = \frac{(V_1 - V_2) \times c \times 0.0140}{m \times V_3/100} \times F \times 100$$

式中 X——试样中蛋白质的含量，g/100g

   V_1——试样消耗 HCl 标准滴定溶液的体积，mL

   V_2——试剂空白实验消耗 HCl 标准滴定溶液的体积，mL

   c——HCl 标准滴定溶液浓度，mol/L

 0.0140——1.0mL HCl 标准滴定溶液（1.000mol/L）相当的氮的质量，g

   m——试样的质量，g

   V_3——吸取消化液的体积，mL

   F——氮换算为蛋白质的系数

 100——换算系数

蛋白质含量≥1g/100g 时，结果保留三位有效数字；蛋白质含量<1g/100g 时，结果保留两位有效数字。

当只检测氮含量时，不需要乘蛋白质换算系数 F。

思考题

请思考凯氏定氮法有什么缺陷？测定蛋白质含量是否准确？有什么干扰因素？

实 验 十 八

分光光度法测定蛋白质含量

实验类型：	综合性
教学时数：	6 学时

考马斯亮蓝染色
分光光度法测定
蛋白质微课

一、实验目的

（1）掌握考马斯亮蓝染色分光光度法定量测定蛋白质的原理与方法。
（2）熟悉分光光度计的使用和操作方法。

二、实验原理

考马斯亮蓝（G250）在酸性溶液中呈红棕色，最大吸收峰在 465nm，与蛋白质通过范德华力结合成复合物时变为蓝色，其最大吸收峰为 595nm，蛋白质-染料复合物在 595nm 处的吸光度与蛋白质含量成正比，故可用于蛋白质的定量测定。

三、器材与试剂

1. 器材
721 分光光度计，试管，试管架，移液管等。

2. 实验材料
稀释 40 倍的牛乳。

3. 试剂
考马斯亮蓝（G250），0.9%生理盐水，蛋白质标准溶液（1mg/mL）。

四、实验内容

1. 标准曲线的制作
取试管 6 支，按表 1 编号并加入试剂充分混匀。

表 1 　　　　　　　　　　　　分光光度法测定蛋白质实验试管表

添加试剂	试管编号					
	1	2	3	4	5	6
标准蛋白质溶液/μL	0	20	40	60	80	100

续表

添加试剂	试管编号					
	1	2	3	4	5	6
0.9%生理盐水/μL	100	80	60	40	20	0
蛋白质含量/(μg/mL)	0	20	40	60	80	100

分别向每支试管中加入考马斯亮蓝（G250）3.0mL，充分震荡，放置5min，于595nm测定吸光度，以1号试管为空白对照，以A_{595}为纵坐标，标准蛋白质含量为横坐标，绘制标准曲线。

2. 样品测定

取试管3支，吸取上述样品提取液0.1mL，加入考马斯亮蓝（G250）3.0mL，充分振荡混合，放置5min，以1号试管为空白对照，于595nm测定吸光度，在标准曲线上查出与其相当的蛋白质含量。

思 考 题

1. 标准曲线制作的注意事项有哪些？
2. 比较其他蛋白质含量测定方法，指出本法的优缺点。

实 验 十 九

牛乳中酪蛋白的制备

实验类型： 综合性
教学时数： 6学时

一、实验目的

（1）学习从牛乳中制备酪蛋白的原理和方法。

（2）掌握等电点沉淀法提取蛋白质的方法。

二、实验原理

牛乳中主要含有酪蛋白和乳清蛋白两种蛋白质。其中酪蛋白大约占了牛乳蛋白质的 80%。酪蛋白为白色、无味、无臭的粒状固体。不溶于水、乙醇及有机溶剂，但溶于碱溶液，等电点为 4.7。牛乳在 pH 4.7 时酪蛋白等电聚沉后剩余的蛋白质统称乳清蛋白。乳清蛋白不同于酪蛋白，其粒子的水合能力强、分散性高，可溶解分散在乳清中。

本实验利用蛋白质溶液处于等电点时蛋白质分子净电荷为零，失去同种电荷的排斥作用，很容易聚集而发生沉淀的原理，将牛乳的 pH 调至 4.7 时，酪蛋白就沉淀出来。用乙醇洗涤沉淀物，除去脂类杂质后便可得到纯的酪蛋白。牛乳中酪蛋白含量约为 35g/L。

三、器材与试剂

1. 器材

低速离心机，酸度计（或精密 pH 试纸），水浴锅，烧杯，天平，温度计，表面皿，布氏漏斗等。

2. 实验材料

牛乳。

3. 试剂

（1）0.2mol/L pH 4.7 醋酸-醋酸钠缓冲液　A 液：称取 NaAc·3H$_2$O 54.44g，溶于少量水中，定容至 2000mL；B 液：称取优级纯醋酸（含量大于 99.8%）12.0g，定容至 1000mL。

取 A 液 1770mL、B 液 1230mL 混合，即得 pH4.7 的醋酸–醋酸钠缓冲液 3000mL。

（2）其他试剂　95% 乙醇，无水乙醚，乙醇–乙醚混合液，冰乙酸，纯净水。

四、实验内容

1. 粗提

25mL 牛乳加热至 40℃。在搅拌下慢慢加入预热至 40℃、pH 4.7 的醋酸–醋酸钠缓冲液 25mL。调溶液 pH 至 4.7，用酸度计或精密 pH 试纸测试。将悬浮液冷却至室温，3000 r/min 离心 15min，弃去上清液，沉淀即为酪蛋白粗制品。

2. 酪蛋白的纯化

用纯净水洗涤沉淀 3 次，3000 r/min 离心 10min，弃去上清液。在沉淀中加入 30mL 95% 乙醇，搅拌片刻，将全部悬浊液转移至布氏漏斗中抽滤。用乙醇–乙醚混合液洗沉淀 2 次。最后用无水乙醚洗沉淀 2 次，抽干。将沉淀摊开在表面皿上，风干，即得酪蛋白纯品。

五、结果计算

准确称重，计算酪蛋白的含量和得率。

$$酪蛋白含量 = \frac{酪蛋白质量（g）}{25mL} \times 100\%$$

$$酪蛋白得率 = \frac{测定含量}{理论含量} \times 100\%$$

牛乳中酪蛋白理论含量为 3.5g/100mL。

思考题

1. 牛乳酪蛋白制备过程中醋酸的作用是什么？

2. 等电点提取蛋白质的优点是什么？

实验二十

蛋白质的凝胶层析法脱盐实验

实验类型：综合性
教学时数：9 学时

IgG葡聚糖凝胶
层析法脱盐
实验微课

一、实验目的

（1）学习凝胶层析的工作原理和操作方法。

（2）掌握利用葡聚糖凝胶层析进行蛋白质脱盐的技术。

二、实验原理

葡聚糖凝胶的商品名为 Sephadex，是葡萄糖通过 $\alpha-1$, 6-糖苷键形成的葡聚糖长链，与交联剂环氧氯丙烷以醚键相互交联而成的具有三维空间的多孔网状结构物，呈珠状颗粒。

蛋白质溶液如含有无机盐离子，可利用葡聚糖凝胶层析的方法使蛋白质与无机盐分离，效果理想。本实验中利用 Sephadex G-25 凝胶使免疫球蛋白 IgG 与 $(NH_4)_2SO_4$ 分离。当蛋白质的盐溶液进入葡聚糖凝胶柱时，小分子的 $(NH_4)_2SO_4$ 扩散进入 Sephadex G-25 凝胶的网孔中，而大分子的蛋白质因颗粒直径大，被排阻在凝胶颗粒（固定相）的外面。加入洗脱液（流动相）进行洗脱时，因大分子的蛋白质从凝胶颗粒的间隙随洗脱液向下流动，首先被洗脱下来，而小分子的 $(NH_4)_2SO_4$ 扩散进凝胶颗粒的网孔之中，在层析柱中移动较慢，最后才能从柱中洗脱下来，这样蛋白质与 $(NH_4)_2SO_4$ 就很容易地被分离开，从而达到对蛋白质样品脱盐的目的。

三、器材与试剂

1. 仪器

铁架台，层析柱（11mm×300mm），滴定管夹，刻度滴管，刻度试管，白瓷反应板，Sephadex G-25 凝胶，乳胶管，恒流泵（或螺旋夹），弹簧夹，烧杯等。

2. 实验材料

IgG-（NH_4）$_2SO_4$ 混合溶液。

3. 试剂

（1）奈氏（Nessler）试剂 将 11.5g HgI_2 及 8g KI 溶于去离子水中，稀释至 50mL，加入 6mol/L NaOH 50mL，静置后取上清液贮存于棕色瓶中。

（2）其他试剂 0.01mol/L pH7.0 磷酸缓冲液，0.0175mol/L pH6.7 磷酸盐缓冲液，（NH_4）$_2SO_4$ 饱和溶液，100g/L 磺柳酸溶液，去离子水（洗脱液）。

四、实验内容

1. IgG 的分离制备

取 4mL 血浆，加入 4mL 0.01mol/L pH7.0 磷酸缓冲液后，充分混匀，逐滴加入（NH_4）$_2SO_4$ 饱和溶液 2mL，边加边搅拌，使（NH_4）$_2SO_4$ 饱和度达到 20%，4℃ 放置 15min，3000r/min 离心 10min。

将上清液 6mL 转移至另一离心管，逐滴加入（NH_4）$_2SO_4$ 饱和溶液 2mL，边加边搅拌，使（NH_4）$_2SO_4$ 饱和度达到 40%，4℃ 放置 15min，3000r/min 离心 10min。

弃去上清液，向沉淀中加入 4mL 0.01mol/L pH7.0 磷酸缓冲液后，充分振荡，混匀，逐滴加入（NH_4）$_2SO_4$ 饱和溶液 2.2mL，边加边搅拌，使（NH_4）$_2SO_4$ 饱和度达到 35%，4℃ 放置 15min，3000r/min，离心 10min，沉淀即为 IgG 粗品。

弃去上清，向沉淀中加入 0.0175mol/L pH6.7 磷酸盐缓冲液 1mL，充分振荡，溶解沉淀。

过滤（可两小组合并过滤），收集滤液，用作层析脱盐样品。

2. 层析脱盐

（1）溶胀凝胶　用去离子水沸水浴溶胀 Sephadex G-25 凝胶 2h 左右或用去离子水浸泡 24h 以上（中间需换一次水）。

（2）装柱　将层析柱固定在铁架台上，两端分别连接乳胶管。上端与洗脱液连通，用恒流泵控制洗脱速度。先用少量洗脱液洗柱并排除乳胶管中的气泡，待柱中洗脱液高度约 2cm 时，关闭下端开关式弹簧夹。将溶胀好的 Sephadex G-25 凝胶倒入层析柱中，使其自然沉降，沉降后凝胶柱的高度为层析柱高度的（3/4）～（4/5）且柱床面平整度比较理想。打开下端开口，排除多余的洗脱液，柱床面上保持约 2cm 高的洗脱液，关闭下口。

（3）洗柱（平衡）　通过乳胶管将洗脱液与层析柱接通，然后打开下端开口，让洗脱液滴下冲洗层析柱，以除去杂质并使柱床均匀密实。适当时间后（流下的洗脱液体积一般为柱床体积的 2～3 倍），关闭下口。洗柱过程中一般调整流速约 2mL/min。

（4）加样洗脱　用刻度滴管吸取 1mL 样品，滴管尖头小心沿层析柱内壁伸到凝胶床面之上，慢慢将样品加到凝胶床面上（不可搅动床面），此时能看到柱床面上样品与洗脱液之间有一清晰界面。打开下端开口，待样品全部进入凝胶柱时，接通洗脱液，开始洗脱并收集洗脱液。

3. 收集检测

用刻度试管收集洗脱液，每管收集 1mL。边收集边进行蛋白质与铵盐的检查。

（1）铵盐检查　从每管中取收集液 2 滴置于白瓷反应板穴中，加入奈氏试剂 1 滴，如有铵盐洗脱下来，则有黄红色沉淀，以"+"的多少表示每穴中出现沉淀的多少。

（2）蛋白质检查　向每管剩余的收集液中加入磺柳酸溶液 5 滴，振荡，如有蛋白质洗脱下来，则出现浑浊或沉淀，以"+"的多少表示不同收集管中沉淀的程度。

思 考 题

分析蛋白质和铵盐洗脱的次序，并作出合理解释。

实验二十一

植物细胞中核酸的分离与鉴定

实验类型：验证性
教学时数：4 学时

一、实验目的

（1）掌握核酸的分离方法。

（2）掌握脱氧核糖核酸（DNA）、核糖核酸（RNA）的定性鉴定方法。

二、实验原理

用冰冷的稀三氯乙酸或稀高氯酸溶液在低温下抽提生物材料匀浆液，除去酸溶性小分子物质，再用有机溶剂抽提，去掉脂溶性物质。最后用浓盐溶液和高氯酸分别提取 DNA 和 RNA，再进行定性鉴定。

由于 DNA 和 RNA 有特殊的颜色反应，经显色后所呈现的颜色深浅在一定范围内和样品中所含的核糖和脱氧核糖的量成正比，因此可用此法来定性、定量测定核酸。

1. 核糖的测定

核糖常用的测定方法为地衣酚（3，5-二羟甲苯）法（Orcinol 反应）。RNA 脱嘌呤后的核糖与酸作用生成糠醛，后者与地衣酚生成绿色物质。DNA、蛋白质和黏多糖等物质对此测定有干扰作用。

2. 脱氧核糖的测定

脱氧核糖常用的测定方法是二苯胺法。DNA 的脱氧核糖遇酸生成 ω-羟基-6-酮基戊醛，后者再和二苯胺作用产生蓝色物质。此法易受多种糖类及其衍生物和蛋白质的干扰。

上述两种方法准确性较差，但快速、简便，能鉴别 DNA 与 RNA，是鉴定核酸、核苷酸的常用方法。

三、器材与试剂

1. 器材

水浴锅，电炉，离心机，布氏漏斗等。

2. 实验材料

菜花。

3. 试剂

95%乙醇，丙酮，0.5mol/L HClO$_4$ 溶液，100g/L NaCl 溶液，标准 RNA 溶液（5mg/100mL），标准 DNA 溶液（15mg/100mL），粗氯化钠，石英砂。

（1）二苯胺试剂　1g 二苯胺溶于 100mL 冰乙酸中，加入 2.75mL 浓 H$_2$SO$_4$，可冷藏保存 6 个月，使用前在室温下摇匀。

（2）地衣酚乙醇溶液　6g 地衣酚溶于 100mL 95%乙醇中，可冷藏保存 1 个月。

（3）三氯化铁浓盐酸溶液　将 2mL 10g/L 三氯化铁溶液加入 400mL 浓 HCl 中。

四、实验内容

1. 核酸的分离

（1）取菜花的花冠 20g，剪碎置于研钵中，加入 20mL 95%乙醇和少量石英砂，研磨匀浆，以布氏漏斗抽滤，弃去滤液。

（2）滤渣中加入 20mL 丙酮，搅拌均匀，抽滤，弃去滤液。再向滤渣中加入 20mL 丙酮，5min 后抽滤至干。

（3）滤渣中加入预冷的 20mL 0.5mol/L $HClO_4$ 溶液，冰盐浴，搅拌，抽滤，弃去滤液。

（4）滤渣中加入 20mL 95%乙醇，抽滤，弃去滤液。

（5）滤渣中加入 20mL 丙酮，搅拌 5min，抽滤至干。

（6）滤渣中加入 40mL 100g/L NaCl 溶液，沸水浴 15min。冷却，抽滤至干，保留滤液。

（7）重复步骤（6），将两次滤液合并，为提取物 Ⅰ。

（8）滤渣中加入 20mL 0.5mol/L $HClO_4$ 溶液，70℃恒温水浴 20min，抽滤，保留滤液，为提取物 Ⅱ。

2. 核酸的定性鉴定

核酸的定性鉴定见表 1 和表 2。

表 1　　　　　　　　　　二苯胺反应试管表

试剂	管号				
	1	2	3	4	5
蒸馏水/mL	1	—	—	—	—
标准 DNA 溶液/mL	—	1	—	—	—
标准 RNA 溶液/mL	—	—	1	—	—
提取物 Ⅰ/mL	—	—	—	1	—
提取物 Ⅱ/mL	—	—	—	—	1
二苯胺试剂/mL	2	2	2	2	2
沸水浴 10min					
反应现象					

表 2　　　　　　　　　　地衣酚反应试管表

试剂	管号				
	1	2	3	4	5
蒸馏水/mL	1	—	—	—	—
标准 DNA 溶液/mL	—	1	—	—	—

续表

试剂	管号				
	1	2	3	4	5
标准 RNA 溶液/mL	—	—	1	—	—
提取物 Ⅰ/mL	—	—	—	1	—
提取物 Ⅱ/mL	—	—	—	—	1
三氯化铁浓盐酸溶液/mL	2	2	2	2	2
地衣酚乙醇溶液/mL	0.2	0.2	0.2	0.2	0.2
沸水浴 10~20min					
反应现象					

思考题

实验中如何除去生物材料中的小分子物质和脂类？为什么要除去它们？

实验二十二

动物细胞中 DNA 的分离（浓盐法）

实验类型：验证性

教学时数：3 学时

一、实验目的

学习并掌握从动物肝脏中粗提 DNA 的原理和方法。

二、实验原理

在浓 NaCl 溶液中，脱氧核糖核蛋白的溶解度很大，核糖核蛋白的溶解度很小。在稀 NaCl 溶液中，脱氧核糖核蛋白的溶解度很小，核糖核蛋白的溶解度很大。因此，可以利用不同浓度的 NaCl 溶液，将脱氧核糖核蛋白和核糖核蛋白从生物样品中分别抽提出来。

将抽提的核蛋白用 SDS 处理，DNA 即与蛋白质分开，可用氯仿-异丁醇将蛋白质沉淀除去，DNA 溶解于溶液中。再利用乙醇，将 DNA 沉淀析出。

三、器材与试剂

1. 器材
动物解剖器材，匀浆器，离心机等。

2. 实验材料
新鲜动物肝脏。

3. 试剂
5mol/L NaCl 溶液，95%乙醇，氯仿-异丙醇（体积比为 24∶1）混合液。

（1）（0.14mol/L）NaCl-（0.15mol/L）EDTA（乙二胺四乙酸）-Na 溶液 8.18g NaCl 和 55.8g EDTA-Na 溶于蒸馏水中，定容至 1000mL。

（2）250g/L SDS 溶液 25g 十二烷基硫酸钠溶于 100mL 45%乙醇中。

四、实验内容

1. 脱氧核糖核蛋白的提取
称取新鲜动物肝脏 20g，剪碎，加入约 2 倍体积的 NaCl-EDTA-Na 溶液，移入匀浆器内研磨，磨成糊状后取匀浆液 4000r/min 离心 10min，弃去上清液，用 NaCl-EDTA-Na 溶液洗涤沉淀 2~3 次，所得沉淀为脱氧核糖核蛋白粗制品。

2. DNA 与蛋白质分离
向沉淀中加入 NaCl-EDTA-Na 溶液，使总体积为 40mL，然后滴加 25g/L

SDS 溶液 3mL，边加边搅，使 DNA 与蛋白质相分离。

3. DNA 的提取

加入 5mol/L NaCl 溶液 10mL，缓慢搅拌 10min。加入约 1 倍体积的氯仿–异丙醇混合液，搅拌 20min，4000r/min 离心 10min，保留上清液，加入 1.5 倍体积的 95% 乙醇，边加边搅，DNA 的丝状物即缠绕在玻璃棒上。

4. DNA 的鉴定

用二苯胺法鉴定所提 DNA。

思考题

实验中加入 NaCl–EDTA–Na 的目的是什么？

实验二十三

酵母 RNA 的分离及组分鉴定

| 实验类型：验证性 |
| 教学时数：3 学时 |

酵母RNA的分离
及组分鉴定微课

一、实验目的

（1）掌握酵母 RNA 提取的方法。

（2）了解核酸的组成。

（3）掌握鉴定核酸组分的方法和操作。

二、实验原理

酵母中 RNA 含量可达酵母干重的 2%～10%，DNA 则少于 0.5%。RNA 可溶于碱性溶液，用 NaOH 使酵母细胞壁变性、裂解，然后用酸中和，离心除去蛋白质和菌体后，上清液用乙醇沉淀，由此可得 RNA 的粗制品。RNA 由核糖、碱基和磷酸组成，加入硫酸煮沸后可使其水解，从水解液中可对上述组分进行分别鉴定。

1. 磷酸

用强酸将 RNA 中的有机磷消化成无机磷，后者与定磷试剂中的钼酸铵结合成磷酸铵（黄色沉淀）。当有还原剂存在时，磷酸铵立即转变成蓝色的还原产物——钼蓝。

2. 核糖

RNA 与浓 HCl 供热时，发生降解，形成的核糖继而转变成糠醛，在 Fe^{3+} 或 Cu^{2+} 催化下后者与地衣酚反应，生成鲜绿色复合物。

3. 嘌呤碱

嘌呤碱与 $AgNO_3$ 能产生白的嘌呤银化物沉淀。

三、器材与试剂

1. 器材

水浴锅，离心机，锥形瓶等。

2. 实验材料

干酵母。

3. 试剂

2g/L NaOH 溶液，乙酸，95%乙醇，10% H_2SO_4 溶液，浓氨水，50g/L $AgNO_3$ 溶液。

（1）地衣酚试剂　将 0.5g 地衣酚溶于 100mL 1g/L $FeCl_3 \cdot 6H_2O$ 的浓 HCl 溶液中，临时用配制。

（2）定磷试剂

①17% H_2SO_4 溶液：将 19mL 浓 H_2SO_4（相对密度 1.84）缓缓加入 83mL 水中。

②25g/L 钼酸铵溶液：将 2.5g 钼酸铵溶于 100mL 水中。

③100g/L 抗坏血酸溶液：10g 抗坏血酸溶于 100mL 水中，贮棕色瓶保存（溶液呈淡黄色时可用，如呈深黄或棕色则失效）。

临用时将上述 3 种溶液与水按体积比例（①∶②∶③∶水 = 1∶1∶1∶2）混合。

四、实验内容

1. RNA 的提取

取 2g 干酵母置于 100mL 锥形瓶中，加入 20mL 2g/L NaOH 溶液，沸水浴 30min，经常搅拌，加入乙酸数滴使提取液呈酸性（用 pH 试纸鉴定），4000r/min 离心 5~10min。取上清液加 95% 乙醇 20mL，边加边搅拌，4000r/min 离心 5~10min。沉淀用 95% 乙醇洗 2 次，每次 10mL 搅拌沉淀，离心，沉淀为粗 RNA。

2. RNA 的组分鉴定

向上述含有 RNA 的离心管内加 5mL 10% H_2SO_4，加热煮沸 1~2min，将 RNA 水解。

（1）核糖　取水解液 0.5mL，加地衣酚试剂 1mL，加热至沸 1min，注意溶液是否变绿。

（2）嘌呤碱　取水解液 2mL，加入浓氨水 2 滴及 50g/L $AgNO_3$ 1mL，观察是否有絮状嘌呤银化物产生。

（3）磷酸　取水解液 1mL，加入定磷试剂 1mL，观察溶液是否呈蓝色。

思考题

用地衣酚鉴定 RNA 时加入 Cu^{2+} 或 Fe^{3+} 的目的是什么？

实验二十四

激活剂、抑制剂、温度及 pH 对酶活力的影响

实验类型： 验证性
教学时数： 3 学时

酶活力的影响
因素微课

一、实验目的

1. 了解 pH、温度、激活剂和抑制剂对酶活力的影响。
2. 学习测定酶最适 pH 的方法。

二、实验原理

对环境敏感是酶的特性之一。对一种酶来说，只能在一定的 pH 范围表现其活力，而且在这个范围内，酶的活力会随 pH 的改变而变化。酶通常在某一特定 pH 时，表现最大活力，此时的 pH 称为酶的最适 pH。一般酶的最适 pH 在 4~8。

酶的催化作用受到温度的影响也很大，提高温度一般可以提高酶促反应的速度。但是，大多数酶是蛋白质，温度过高会引起蛋白质变性，导致酶的失活。酶促反应速度达到最大值时的温度为酶的最适温度，大多数动物酶的最适温度为 37~40℃。

某些物质可以增加酶的活力，称酶的激活剂；有些物质则可以降低酶的活力，称酶的抑制剂，例如，Cl^- 为唾液淀粉酶的激活剂，Cu^{2+} 为唾液淀粉酶的抑制剂。

淀粉遇碘呈蓝色，淀粉水解生成的糊精按分子大小，遇碘可呈蓝色、紫色、暗褐色或红色。最简单的糊精和麦芽糖遇碘不显色。因此，可以根据与碘反应的颜色变化来判断淀粉的水解程度。

三、器材与试剂

1. 器材

恒温水浴锅，试管，白瓷板等。

2. 试剂

唾液淀粉酶溶液，10g/L 淀粉溶液（含 3g/L NaCl），10g/L 淀粉溶液，0.2mol/L Na_2HPO_3 溶液，0.1mol/L 柠檬酸溶液，10g/L NaCl 溶液，10g/L $CuSO_4$ 溶液，10g/L Na_2SO_4 溶液，KI-I_2 溶液。

四、实验内容

1. pH 对酶活力的影响

（1）取试管 6 支，编号，按表 1 准确添加 0.2mol/L Na_2HPO_3 溶液和 0.1mol/L 柠檬酸溶液，制备 pH5.0~8.0 的不同缓冲液。

表 1　　　　　　　　　　pH 对酶活力的影响实验试管表

编号	0.2mol/L Na_2HPO_3 溶液体积/mL	0.1mol/L 柠檬酸溶液体积/mL	缓冲液 pH
1	1.55	1.45	5.0
2	1.9	1.1	6.0
3	2.3	0.7	6.8
4	2.8	0.2	7.6
5	2.9	0.1	8.0
6	2.3	0.7	6.8

（2）向以上试管中加入 10g/mL 淀粉溶液（含 3g/L NaCl）溶液 2mL。

（3）向 6 号试管中加入唾液淀粉酶溶液 2mL，混匀后放入 37℃ 水浴。每隔 1min 由 6 号试管中吸取 1 滴混合液，滴入白瓷板中，再滴加 1 滴 KI-I_2 溶液，检测淀粉的水解程度，直至反应颜色为黄色，取出试管，记录孵育时间。

（4）以 1min 为间隔，依次向 1 号~5 号试管加入唾液淀粉酶溶液 2mL，混匀，并以 1min 为间隔依次放入 37℃ 水浴锅中。然后，按照步骤（3）中记录的孵育时间依次将 5 支试管中的反应溶液滴入白瓷板，与 KI-I$_2$ 溶液反应。判断在不同 pH 下淀粉被水解的程度，并确定最适 pH。

2. 温度对酶活力的影响（表2）

表2　　　　　　　　　　温度对酶活力的影响实验试管表

试剂/mL	试管编号		
	1	2	3
唾液淀粉酶溶液	1	—	1
煮沸过的淀粉酶溶液	—	1	—
10g/L 淀粉溶液（3g/L NaCl）	3	3	3
	37℃恒温水浴 15min		冰浴 15min
KI-I$_2$ 溶液（滴）	3	3	3
记录实验现象：			

3. 激活剂和抑制剂对酶活力的影响（表3）

表3　　　　　　　　激活剂和抑制剂对酶活力的影响实验试管表

试剂/mL	试管编号		
	1	2	3
唾液淀粉酶溶液	1	1	1
10g/L 淀粉溶液	3	3	3
10g/L NaCl 溶液	1	—	—
10g/L CuSO$_4$溶液	—	1	—
10g/L Na$_2$SO$_4$溶液	—	—	1
	37℃恒温水浴 15min		
KI-I$_2$溶液（滴）	3	3	3
记录实验现象：			

思考题

1. 在测定 pH 对酶活力影响的实验中如何准确控制反应时间？

2. 在激活剂和抑制剂对酶活力影响的实验中 Na$_2$SO$_4$ 溶液对照组的作用是什么？

实验二十五

淀粉酶活力的测定——全自动生化分析仪法

实验类型：综合性

教学时数：4 学时

一、实验目的

1. 学习 α-淀粉酶的作用和测定原理，并掌握其测定方法。

2. 了解 α-淀粉酶的应用。

二、实验原理

样品中的 α-淀粉酶和反应试剂中的 α-葡萄糖苷酶能水解底物［4,6-亚乙基（G_7）-p-硝基苯基（G_1）-α,D-麦芽庚糖苷（亚乙基-G_7PNP）］形成葡萄糖，并同时产生黄色的 p-硝基苯酚。p-硝基苯酚的生成速度可以通过全自动生化分析仪进行检测，反应速度和酶活力成比例。

三、器材与试剂

1. 器材

分析天平，酸度计，全自动生化分析仪，比色皿，容量瓶等。

2. 试剂

（1）$CaCl_2$ 溶液　称取 441.0g $CaCl_2 \cdot 2H_2O$，用一定量的水溶解后加入 15%聚氧化乙烯十二烷基醚溶液 16.5mL，搅拌均匀，用水定容至 1000mL。本溶液在

73

冷藏条件下的保存期为 2 个月。

（2）稳定剂　取上述配制好的 $CaCl_2$ 溶液 2.5mL，用水定容至 250mL。

（3）苯基甲基黄酰氟（PMSF）溶液　称取 5.0g 苯基甲基黄酰氟，用无水乙醇溶解并定容至 250mL。本溶液在冷藏条件下的保存期为 1a。

（4）α-葡萄糖苷酶试剂和底物　α-葡萄糖苷酶 R-1 和底物 R-2 为市售试剂，如 AMYL Roche/Hitachi，118-76473 Roche Diagnostics。使用时参照生产厂家说明。

（5）α-淀粉酶标准品，α-淀粉酶样品。

四、实验内容

1. 制备标准曲线和标准对照品同时带空白

称取一定量的 α-淀粉酶标准品，精确到 0.0005g。用稳定剂溶解并定容在 100mL 的容量瓶中得到标准贮备液。配制 5 个不同浓度的标准工作溶液。称取另一批次已知活力的 α-淀粉酶标准品作为标准对照。使用稳定剂为空白液，标准溶液和标准对照品使用前配制。

2. 制备样品溶液

称取一定量的 α-淀粉酶样品，用稳定剂溶解和稀释。稀释的倍数要使得最终稀释液的酶活力在标准曲线的范围之内。样品的最小稀释倍数为 20。对于含有蛋白酶的 α-淀粉酶样品，分析中应加入苯基甲基黄酰氟溶液，以避免蛋白酶的干扰。

3. 全自动分析仪自动分析

将 200μL 的 α-葡萄糖苷酶 R-1 转移到比色皿中，分别将 16μL 的空白液、标准溶液、标准对照品或样品转移到比色皿中。上述两种溶液的混合物在 37℃ 保温 300s。分别在每个比色皿中加入 20μL 的底物 R-2，混合保温 180s 后开始测定，每隔 18s 测定一次吸光度，每个样品共测 7 次。

五、结果计算

（1）标准曲线应为直线，其中 y 轴为"吸光度（A）"，x 轴为标准点的比活力"mU/mL"。

（2）从标准曲线上读出样品最终稀释液的酶活力（比活力），单位为"mU/mL"。

（3）计算样品的酶活力。

$$X = x \times v \times D/(m \times 1000)$$

式中　X——样品的酶活力（比活力），U/g

　　　x——由标准曲线得出的样品最终稀释液的比活力，mU/mL

　　　v——溶液样品用的容量瓶的体积，mL

　　　D——稀释倍数

　　　m——样品的质量，g

思考题

1. 样品稀释倍数为什么最小为 20 倍？

2. 标准对照品起什么作用？

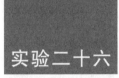

实验二十六

果蔬中多酚氧化酶（PPO）的提取与活力测定

实验类型：　综合性

教学时数：　4 学时

一、实验目的

了解多酚氧化酶的作用，学习果蔬组织中多酚氧化酶活性的测定方法，理解果实受伤、组织变褐的原因等。

二、实验原理

多酚氧化酶（PPO）是一种以铜为辅基的酶，能催化多种简单酚类物质氧化形成醌类化合物，醌类化合物进一步聚合形成呈褐色、棕色或黑色的聚合物。在后熟衰老过程或采后的贮藏加工过程中，果蔬出现褐变与组织中的多酚氧化酶活力密切相关。

多酚氧化酶催化邻苯二酚氧化物形成的产物在 420nm 处有最大光吸收峰。因此，可以用比色法测定多酚氧化酶的活力。

三、器材与试剂

1. 器材
研钵，高速冷冻离心机，分光光度仪，计时器，移液器，容量瓶等。

2. 实验材料
果蔬组织。

3. 试剂
（1）0.1mol/L 乙酸-乙酸钠缓冲液（pH5.5）　母液 A（200mmol/L 乙酸溶液）：量取 11.55mL 冰乙酸，加蒸馏水稀释至 1000mL；母液 B（200mmol/L 乙酸钠溶液）：称取 16.4g 无水乙酸钠（或称取 27.2g 三水合乙酸钠），用蒸馏水溶解、定容至 1000mL。

取 68mL 母液 A 和 432mL 母液 B 混合后，调节 pH 至 5.5，加蒸馏水稀释至 1000mL。

（2）提取缓冲液　称取 340mg PEG-6000，10mL 4%PVPP（聚乙烯吡咯烷酮），取 1mL Triton X-100，用 0.1mol/L 乙酸-乙酸钠缓冲液（pH5.5）溶解，稀释至 100mL。

（3）50mmol/L 邻苯二酚溶液　取 275mg 邻苯二酚，用 0.1mol/L 乙酸-乙酸钠缓冲液（pH5.5）溶解，稀释至 50mL。

四、实验内容

1. 酶液制备

称取 5.0g 果蔬组织样品，置于研钵中，加入 5.0mL 提取缓冲液，在冰浴条件下研磨成匀浆，于4℃、6000r/min 离心 30min，收集上清液即为酶提取液，低温保存备用。

2. 酶活力测定

取一支试管，加入 4.0mL 50mmol/L 的乙酸-乙酸钠缓冲液（2.0mL 0.1mol/L 乙酸-乙酸钠缓冲液加蒸馏水稀释至 4.0mL）和 1.0mL 50mmol/L 邻苯二酚溶液，最后加入 100μL 酶提取液，立即开始计时。将反应混合液倒入比色皿中，置于分光光度计样品室中。以蒸馏水为参比，在反应 15s 时开始记录反应体系在波长 420nm 处的吸光度值为初始值，然后每隔 1min 记录一次，连续测定，至少获取 6 个点的数据，重复三次。

五、结果计算

1. 数据处理

记录反应体系在 420nm 处的吸光度，制作 A_{420} 值随时间变化曲线，根据曲线的初始线性部分（从时间 t_I 到时间 t_F）计算每分钟吸光度值变化 ΔA_{420}。

$$\Delta A_{420} = \frac{A_{420t_F} - A_{420t_I}}{t_F - t_I}$$

式中　ΔA_{420}——每分钟反应混合液吸光度变化值

　　　A_{420t_F}——t_F 时反应混合液吸光度终止值

　　　A_{420t_I}——t_I 时反应混合液吸光度初始值

　　　t_F——反应终止时间，min

　　　t_I——反应初始时间，min

以每克果蔬样品（鲜重）每分钟吸光度变化值增加 1 为 1 个酶活力单位，计算公式为：

$$X = \frac{\Delta A_{420} \times V}{V_S \times m}$$

式中　X——样品中多酚氧化酶活力，$\Delta A_{420}/(\min \cdot g)$

　　　V——样品提取液总体积，mL

　　　V_S——测定时所取样品提取液体积，mL

　　　m——样品质量，g

2. 测定数据记录（表1）

表1　　　　　　　　　　　　多酚氧化酶活力测定数据记录表

测定数据		重复次数		
		1	2	3
样品质量 m/g				
提取液体积 V/mL				
吸取样品液体积 V_S/mL				
420nm 处吸光度值	A_0			
	A_1			
	A_2			
	A_3			
	A_4			
	A_5			
	ΔA_{420}			
样品中多酚氧化酶活力/$[\Delta A_{420}/(\min \cdot g)]$	计算值			
	平均值±标准偏差			

思考题

随着反应时间的延长，多酚氧化酶活力将呈现什么样的变化？

实验二十七

果蔬中过氧化物酶（POD）的提取及活力测定

实验类型： 综合性
教学时数： 4 学时

一、实验目的

熟悉测定过氧化物酶活性的原理及常用方法。

二、实验原理

在有过氧化氢存在的条件下，过氧化物酶能使愈创木酚氧化，生成茶褐色物质，该物质在 470nm 处有最大光吸收峰，可用分光光度计在 470nm 处吸光度的变化速率来测定过氧化物酶的活性。

三、器材与试剂

1. 器材

研钵，高速冷冻离心机，分光光度计，计时器，移液器，容量瓶等。

2. 实验材料

果蔬组织。

3. 试剂

0.1mol/L 乙酸-乙酸钠缓冲液（pH5.5），提取缓冲液（含 1mmol PEG、4% PVPP 和 1% Triton X-100）。

（1）25mmol/L 愈创木酚溶液　取 320μL 愈创木酚，用 50mmol/L 乙酸缓冲液（pH5.5）稀释至 100mL。

（2）0.5mol/L H₂O₂ 溶液　取 1.42mL 30% H₂O₂ 溶液，用 50mmol/L 乙酸缓冲液（pH5.5）稀释至 50mL，现用现配，避光保存。

四、实验内容

1. 酶液制备

称取 5.0g 果蔬组织（菠菜、油菜等）样品，剪碎置于研钵中，加入 5.0mL 提取缓冲液，在冰浴条件下研磨成匀浆，于 4℃、6000r/min 离心 30min，收集上清液即为酶提取液，低温保存备用。

2. 活性测定

取一支试管，加入 3.0mL 25mmol/L（1.5mL 0.5mol/L H₂O₂ 溶液加蒸馏水稀释至 3.0mL）愈创木酚溶液和 0.5mL 酶提取液，再加入 200μL 0.5mol/L H₂O₂ 溶液迅速混合启动反应，同时立即开始计时。将反应混合液倒入比色皿中，置于分光光度计样品室中。以蒸馏水为参比，在反应 15s 时开始记录反应体系在波长 470nm 处吸光度值，作为初始值，然后每隔 1min 记录一次，连续测定，至少获取 6 个点的数据。重复三次。

五、结果计算

1. 数据处理

以每克果蔬样品（鲜重）每分钟吸光度变化值增加 1 为 1 个酶活力单位。

$$过氧化物酶活力 \left[\Delta A_{470}/(\min \cdot g)\right] = \frac{\Delta A_{470} \times V}{m \times t \times V_{S}}$$

式中　ΔA_{470}——反应时间内吸光度变化值

V——酶提取液总体积，mL

m——果蔬样品鲜重，g

V_{S}——测定时取用酶提取液体积，mL

t——反应时间，min

2. 测定数据记录（表1）

表1 过氧化物酶活力测定数据记录表

测定项		重复次数		
		1	2	3
果蔬样品鲜重 m/g				
酶提取液总体积 V/mL				
测定时取用酶提取液体积 V_S/mL				
470nm 处吸光度值	A_0			
	A_1			
	A_2			
	A_3			
	A_4			
	A_5			
	ΔA			
样品中过氧化物酶活力/ $[\Delta A_{470}/(min \cdot g)]$	计算值			
	平均值±标准偏差			

思 考 题

过氧化物酶在果蔬代谢中有哪些作用？

实验二十八

枯草杆菌蛋白酶活力测定

实验类型： 综合性

教学时数： 3 学时

一、实验目的

1. 加深对酶活力概念的理解。
2. 学习测定蛋白酶活力的方法。

二、实验原理

酶活力指酶催化某一特定反应的能力，其大小可用在一定条件下酶催化反应进行一定时间后，反应体系中底物的减少量或产物的生成量来表示。

枯草杆菌蛋白酶活力测定选用枯草杆菌蛋白酶水解酪蛋白产生酪氨酸的反应体系。产物酪氨酸在碱性条件下与 Folin-酚试剂反应生成蓝色化合物，该蓝色化合物在 680nm 处有最大光吸收峰，其吸光值与酪氨酸含量呈正比，通过测定酪氨酸含量的变化，计算出蛋白酶的活力。

三、器材与试剂

1. 器材
恒温水浴锅，分光光度计，试管及试管架，滤纸，玻璃漏斗等。

2. 试剂
0.2mol/L HCl 溶液，0.04mol/L NaOH 溶液，0.55mol/L Na_2CO_3 溶液，10%三氯乙酸溶液。

（1）枯草杆菌蛋白酶　　称取 1g 枯草杆菌蛋白酶粉，用少量 0.02mol/L pH 7.5磷酸缓冲液溶解并定容至 100mL，振荡 15min，使之充分溶解，干纱布过滤，取滤液贮于冰箱备用。使用时根据酶活力高低用缓冲液适当稀释。

（2）Folin-酚试剂　　在 2L 磨口回流瓶中加入钨酸钠（$Na_2WO_4 \cdot 2H_2O$）100g，钼酸钠（$Na_2MoO_4 \cdot 2H_2O$）25g，蒸馏水 700mL，85%磷酸 50mL 以及浓 HCl 100mL。充分混匀后，微火回流加热 10h。再加入硫酸锂 150g，蒸馏水 50mL 和液溴数滴，摇匀后开口继续煮沸 15min，以驱赶过剩的溴。冷却后加蒸馏水定容至 1000mL，过滤，溶液呈黄绿色，置于棕色试剂瓶中于暗处贮藏。使用前用标准 NaOH 溶液、酚酞为指示剂标定酸度（约为 2mol/L），然后加水稀释至 1mol/L，即可使用。

（3）0.02mol/L 磷酸缓冲液（pH7.5）　A 液：称取磷酸氢二钠（$Na_2HPO_4 \cdot 2H_2O$）7.16g，用水定容至 100mL；B 液：称取磷酸二氢钠（$NaH_2PO_4 \cdot 2H_2O$）3.12g，用水定容至 100mL。

取 A 液 84mL、B 液 16mL 混合后，得到 0.2mol/L pH7.5 磷酸缓冲液。可长期存放，临用时稀释 10 倍即可。

（4）50μg/mL 标准酪氨酸溶液　称取 12.5mg 已烘干至恒重的酪氨酸，用 0.2mol/L HCl 溶液约 30mL 溶解后，蒸馏水定容至 250mL。

（5）5g/L 酪蛋白溶液　称取 1.25g 酪蛋白，用 20mL 0.04mol/L NaOH 溶液溶解，再用 0.02mol/L 磷酸缓冲液（pH7.5）定容到 250mL。

四、实验内容

1. 酪氨酸标准曲线的制作

取 6 支试管（编号 0～5），按顺序分别加入 0.00，0.20，0.40，0.60，0.80，1.00mL 50μg/mL 标准酪氨酸溶液，再用水补足到 1.00mL，摇匀后各加入 0.55mol/L Na_2CO_3 溶液 5.0mL，摇匀。依次加入 Folin-酚试剂 1.00mL，摇匀并计时，于 30℃ 水浴锅中保温 15min。然后于 680nm 处测定吸光值（以 0 号管作对照）。以酪氨酸含量（μg）为横坐标，吸光值为纵坐标绘制标准曲线。

2. 酶活力测定

（1）酶反应　取一支试管，加入 2.0mL 5g/L 的酪蛋白溶液，于 30℃ 水浴中预热 5min，再加入 1.0mL 已预热好的枯草杆菌蛋白酶液，立即计时，水浴中准确保温 10min。从水浴中取出后，立即加入 2.0mL 的 10% 三氯乙酸溶液，摇匀静置数分钟，干滤纸过滤，收集滤液（样品液）。

另取一试管，先加入 1.0mL 已预热好的枯草杆菌蛋白酶液和 2.0mL 的 10% 三氯乙酸溶液，摇匀，放置数分钟，再加入 2.0mL 5g/L 酪蛋白溶液，然后于 30℃ 水浴保温 10min。过滤，收集滤液（对照液）。

（2）滤液中酪氨酸含量的测定　取 3 支试管，分别加入 1.0mL 水、样品液、对照液，然后各加入 5.0mL 0.55mol/L Na_2CO_3 溶液和 1.00mL Folin-酚试剂，摇匀按标准曲线制作方法保温并测吸光度值。根据吸光度值，由标准曲线查出样品液、对照液中酪氨酸含量差值，即可推算出酶的活力。

五、结果计算

蛋白酶活力的定义：1g 固体酶粉，在 30℃ 和 pH 7.5 下，1min 水解酪蛋白产生 1μg 酪氨酸为 1 个酶活力单位，以 U/g 表示：

$$酶活力(U/g) = (A_{样品} - A_{对照}) \times K \times \frac{V}{T} \times N$$

式中　$A_{样品}$——样品液的吸光度值

$A_{对照}$——对照液的吸光度值

K——标准曲线上 $A=1$ 时对应的酪氨酸质量，μg

V——酶促反应液的体积（本实验为 5mL），mL

T——酶促反应时间（本实验为 10min），mL

N——酶溶液稀释倍数

思 考 题

本方法测定蛋白酶活力的误差来源主要有哪些？

实验二十九

果胶酶活力的测定

实验类型：	综合性
教学时数：	4 学时

一、实验目的

1. 学习果胶酶的作用和测定原理，并掌握其测定方法。
2. 了解果胶酶的应用。

二、实验原理

果胶酶水解果胶，生成半乳糖醛酸。半乳糖醛酸具有还原性糖醛基，可用次亚碘酸法定量测定，以表示果胶酶的活性。

三、器材与试剂

1. 器材

比色管，水浴锅，容量瓶，碘量瓶，滴定管，烧杯，玻璃棒等。

2. 试剂

0.1mol/L $Na_2S_2O_3$ 标准溶液（使用时准确稀释为 0.05mol/L），1mol/L Na_2CO_3 溶液，0.1mol/L I_2 标准溶液，2mol/L H_2SO_4 溶液，10g/L 可溶性淀粉指示液，0.1mol/L 柠檬酸-柠檬酸钠缓冲液（pH=3.5），

10g/L 果胶溶液：称取果胶粉 1.0000g（精确至 0.0002g），加水溶解，煮沸，冷却。如有不溶物则需进行过滤。调节 pH 至 3.5，用水定容至 100mL，在冰箱中贮存备用（不超过 3d）。

四、实验内容

1. 制备酶液

（1）固体酶　用已知质量的 50mL 小烧杯，称取样品 1.0000g（精确至 0.0002g），以少量柠檬酸-柠檬酸钠缓冲液溶解，并用玻璃棒捣研。将上清液小心倾入适当的容量瓶中，沉渣再加少量缓冲液，反复捣研 3~4 次，最后全部移

入容量瓶，用缓冲液定容。摇匀，以四层纱布过滤，滤液供测试用。

（2）液体酶　准确吸取浓缩酶液 1.00mL 于一定体积的容量瓶中，用柠檬酸-柠檬酸钠缓冲液稀释定容。

固体酶或浓缩酶液均须按要求，准确稀释至一定倍数。酶液浓度应控制在消耗 0.05mol/L $Na_2S_2O_3$ 标准溶液 $(V_A - V_B)$ 0.5～1.0mL。必要时可先做预备实验。

2. 测定

（1）于甲、乙两支比色管中，分别加入 10g/L 果胶溶液 5mL，在 50℃±0.2℃水浴中预热 5～10min。

（2）向甲管（空白）中加柠檬酸-柠檬酸钠缓冲液 5mL，乙管（样品）中加稀释酶液 1mL、柠檬酸-柠檬酸钠缓冲液 4mL，立刻摇匀，计时。在此温度下准确反应 0.5h，立即取出，加热煮沸 5min 终止反应，冷却。

（3）取上述甲、乙管反应液各 5mL 放入碘量瓶中，准确加入 1mol/L Na_2CO_3 溶液 1mL，0.1mol/L I_2 标准溶液 5mL，摇匀，于暗处放置 20min。

（4）加入 2mol/L H_2SO_4 溶液 2mL，用 0.05mol/L $Na_2S_2O_3$ 标准溶液滴定至浅黄色，加淀粉指示液 3 滴，继续滴定至蓝色刚好消失为其终点，记录甲管（空白）、乙管（样品）反应液消耗 0.05mol/L $Na_2S_2O_3$ 标准溶液的体积。同时做平行样品测定。

五、结果计算

1g 酶粉或 1mL 酶液在 50℃、pH3.5 的条件下，1h 分解果胶产生 1mg 半乳糖醛酸为单位酶活力。

$$X = (V_A - V_B) \times c \times 0.51 \times 194.14 \times n \times \frac{10}{5} \times 1 \times 0.5 = (V_A - V_B) \times c \times n \times 396.06$$

式中　X——样品单位酶活力，U/g 或 U/mL

V_A——空白消耗 $Na_2S_2O_3$ 标准溶液的体积，mL

V_B——样品消耗 $Na_2S_2O_3$ 标准溶液的体积，mL

c——$Na_2S_2O_3$ 标准溶液的浓度，mol/L

0.51——1mmol $Na_2S_2O_3$ 相当于 0.51mmol 的游离半乳糖醛酸

194. 14 ——半乳糖醛酸的摩尔质量，mg/mmol

　　n——酶液稀释倍数

　　10——反应液总体积，mL

　　5——滴定时取反应物的体积，mL

　　1——反应时加入稀释酶液的体积，mL

0. 5——反应时间，h

所得结果应取至整数。

思 考 题

1. 预热时间的长短对结果有什么影响？

2. 滴定时的滴定速度如何掌握？

实 验 三 十

大蒜细胞超氧化物歧化酶的提取与分离

实验类型：　综合性

教学时数：　6 学时

一、实验目的

1. 掌握大蒜细胞超氧化物歧化酶（SOD）的提取、分离与检测的一般步骤。

2. 了解酶活力单位定义及计算方法。

二、实验原理

超氧化物歧化酶（SOD）是一种具有抗氧化、抗衰老、抗辐射和消炎作用的药用酶。它可催化超氧负离子（O_2^-）进行歧化反应，生成 O_2 和 H_2O_2：

$$2O_2^- + 2H^+ \Longrightarrow O_2 + H_2O_2$$

大蒜蒜瓣和悬浮培养的大蒜细胞中含有较丰富的 SOD，通过组织或细胞破碎后，可用 pH7.8 的磷酸缓冲液提取。由于 SOD 不溶于丙酮，可用丙酮将其沉淀析出。

核黄素在有氧条件下能产生超氧自由基负离子（$O_2^- \cdot$），当加入氮蓝四唑（NBT）后，在光照条件下，与超氧自由基反应生成一种蓝色物质，在 480nm 波长下有最大吸收。当加入 SOD 时，可以使超氧自由基与 H^+ 结合生成 H_2O_2 和 O_2，从而抑制了 NBT 光还原的进行，使蓝色物质生成速度减慢。通过在反应液中加入不同量的 SOD 液，光照一定时间后测定 480nm 波长下各液光密度值。

三、器材与试剂

1. 器材
离心机，恒温水浴锅，可见分光光度计，研钵，试管等。

2. 实验材料
新鲜蒜瓣。

3. 试剂
0.05mol/L 磷酸缓冲溶液（pH7.8），氯仿-乙醇混合溶剂（氯仿与无水乙醇体积比为 3:5），丙酮，0.2mol/L 碳酸钠溶液，0.1mol/L EDTA 溶液，1mg/mL 肾上腺素液。

四、实验内容

1. SOD 的提取
称取 5g 新鲜的大蒜蒜瓣，置于研钵中研磨，使组织细胞破碎。加入 2~3 倍体积的 0.05mol/L 磷酸缓冲液，继续研磨 20min，使 SOD 充分溶解到磷酸缓冲液中，然后 5000r/min 离心 15min，留取上清液。

向上清液加入 0.25 倍体积的氯仿-乙醇混合溶剂搅拌 15min，5000r/min 离心 15min，去除蛋白质沉淀，留取上清液（粗酶液）。

2. SOD 的沉淀分离

将粗酶液加入等体积的预冷丙酮，搅拌 15min，5000r/min 离心 15min，得 SOD 沉淀。将 SOD 沉淀溶于 0.05mol/L 磷酸缓冲液中，55~60℃ 热处理 15min，5000r/min 离心 15min，弃沉淀，得到 SOD 酶液。

3. SOD 酶活力测定

将上述粗酶液和 SOD 酶液分别取样，测定各自的 SOD 酶活力。取 3 支试管，按表 1 分别加进相应的试剂和样品液。

表 1　　　　　　　　超氧化物歧化酶的提取与分离试管表

溶液	空白管	对照管	样品管
碳酸缓冲液/mL	5.0	5.0	5.0
EDTA 溶液/mL	0.5	0.5	0.5
蒸馏水/mL	0.5	0.5	—
样品液/mL	—	—	0.5
	混合均匀		
肾上腺素液/mL	—	0.5	0.5

在加入肾上腺素液前，充分摇匀并在 30℃ 水浴中预热 5min 至恒温。加入肾上腺素液后，继续保温反应 5min，然后立即测定各管在 480nm 处的光密度。对照管与样品管的光密度值分别为 OD_A 和 OD_B。

五、结果计算

在上述条件下，SOD 抑制肾上腺素自氧化的 50% 所需的酶量定义为单位酶活力。

$$（单位）酶活力 = [2（OD_A - OD_B）\times N]/OD_A$$

式中　N——样品稀释倍数

　　　2——抑制肾上腺素自氧化 50% 的换算系数（100%/50%）

OD_A——对照管的光密度值

OD_B——样品管的光密度值

思考题

根据提取液、粗酶液与酶液的酶活力和体积计算纯化回收率。

实验三十一

维生素 C 的性质实验

实验类型：验证性
教学时数：3 学时

维生素C的测定
实验微课

一、实验目的

1. 了解维生素的一些重要性质。
2. 理解测定维生素的原理和方法。

二、实验原理

维生素 C 的结构类似葡萄糖，是一种多羟基化合物，其分子中第 2 及第 3 位上两个相邻的烯醇式羟基极易解离而释出 H^+，故具有酸的性质，又称抗坏血酸。维生素 C 具有很强的还原性，很容易被氧化成脱氢维生素 C，但其反应是可逆的，并且抗坏血酸和脱氢抗坏血酸具有同样的生理功能，但脱氢抗坏血酸若继续氧化，生成 2，3-二酮-L-古洛糖酸，则反应不可逆而完全失去生理效能。

三、器材与试剂

1. 器材

试管，酒精灯，普通漏斗，铁架台，滤纸，pH 试纸，细纱布，小烧杯等。

2. 实验材料

两种水果或蔬菜，维生素 C 片。

3. 试剂

碘-淀粉溶液，50g/L FeCl$_3$溶液，1g/L KSCN 溶液。

四、实验内容

1. 维生素 C 的酸碱性测定

将 100mg 维生素 C 片溶解于装有 5mL 蒸馏水的试管中，用 pH 试纸测量溶液的 pH。

2. 维生素 C 的还原性

（1）取一支试管，加入 5mL 蒸馏水，在蒸馏水中溶解 100mg 维生素 C 片，滴加 50g/L FeCl$_3$溶液 3 滴，振荡，再滴加 1g/L KSCN 溶液 1 滴，观察现象。

（2）取一支试管，加入 5mL 蒸馏水，在蒸馏水中滴加 50g/L FeCl$_3$溶液3 滴，振荡，再滴加 1g/L KSCN 溶液 1 滴，观察现象。

（3）取一支试管，加入 5mL 蒸馏水，在蒸馏水中溶解 100mg 维生素 C 片，滴加碘-淀粉溶液若干滴，振荡，观察现象。

3. 维生素 C 的热稳定性

取一支试管，加入 5mL 蒸馏水，在蒸馏水中溶解 100mg 维生素 C 片，用酒精灯加热至沸腾，再加热 4min，滴加碘-淀粉溶液，观察现象。

4. 水果或蔬菜中维生素含量的测定

取两种水果或两种蔬菜各 10g，榨汁，用细纱布过滤后，用 100mg 蒸馏水稀释滤液，再用滤纸过滤，取两支试管，分别只取滤液 5mL，用碘-淀粉溶液滴加，估算哪种水果或哪种蔬菜中维生素 C 含量高。

思 考 题

1. 如何保存维生素 C 片？
2. 为什么蔬菜在烹制过程中，尽量不要长时间加热？

实验三十二

单宁含量的测定

实验类型： 验证性
教学时数： 4 学时

一、实验目的

1. 加深对单宁性质的认识。
2. 学习单宁含量的测定方法。

二、实验原理

单宁具有较强的还原性，可将 Fe^{3+} 还原为 Fe^{2+}。利用邻二氮菲与 Fe^{2+} 反应生成橙红色配合物，用分光光度计在 510nm 处测定样品吸光度并与标准品比较而测定其单宁含量。

三、器材与试剂

1. 器材

分光光度计，水浴锅，研钵，容量瓶，天平，移液管，量筒等。

2. 实验材料

叶片。

3. 试剂

（1）单宁标准溶液　称取 100mg 标准单宁酸（$C_{76}H_{52}O_{46}$）溶于 1000mL 蒸馏水中，再取适量溶液稀释 10 倍，配成 10 μg/mL 的溶液。

（2）0.05mol/L EDTA 溶液　称取 0.25g EDTA 二钠盐溶于 500mL 水中。

（3）0.01mol/L Fe^{3+} 溶液　称取 2.41g 硫酸铁铵 ［$NH_4Fe(SO_4)_2 \cdot 12H_2O$］溶于 500mL 蒸馏水，并加入 0.5mL 浓 H_2SO_4。

（4）0.015mol/L 邻二氮菲溶液　称取 1.485g 1,10-邻二氮菲溶于 500mL 蒸馏水中。

（5）pH4.4 缓冲溶液　称取 15g 冰乙酸和 20g 乙酸钠溶于 250mL 蒸馏水中。

四、实验内容

1. 标准曲线的绘制

分别取单宁标准溶液 0.0，1.0，2.0，3.0，4.0，5.0mL 于 25mL 容量瓶中，分别加入 1.5mL Fe^{3+} 溶液，80℃ 水浴 25min。冷却至室温后依次加入缓冲溶液 2.0mL、邻二氮菲溶液 3.0mL、EDTA 溶液 0.5mL。用蒸馏水定容至刻度后摇匀，静置 10min，在 510nm 波长下以试剂空白为对照测量吸光度。以单宁质量浓度（依次为 0，0.4，0.8，1.2，1.6，2.0μg/mL）为横坐标，吸光度为纵坐标作图。

2. 样品的提取

称取 0.300~0.500g 叶片于 60mL 水中，在沸水浴中煮 1h，冷却至室温。过滤，将滤液稀释至 100mL。取稀释液 0.4~0.6mL 于 25mL 容量瓶中，按上述方法测定吸光度。

五、结果计算

$$单宁含量(\mu g/g) = \frac{c \times 25 \times 100}{m \times v}$$

式中　c——由工作曲线查出的单宁浓度，$\mu g/mL$

　　　m——叶片样品质量，g

　　　v——样品溶液的体积，mL

思考题

分析单宁在食品中的作用。

实验三十三

味精中谷氨酸钠的测定（甲醛法）

实验类型： 综合性
教学时数： 6 学时

一、实验目的

了解谷氨酸钠的性质及掌握甲醛法测定味精中谷氨酸钠含量的方法。

二、实验原理

味精是调料品中最重要的增鲜剂，直接影响着调味料的口感。味精中的主要成分是谷氨酸钠，因此味精中谷氨酸钠的含量，是影响调料产品质量的主要因素。

本实验利用氨基酸的两性作用，加入甲醛以固定氨基的碱性，使羧基显示出酸性，用 NaOH 标准溶液滴定后定量，以酸度计测定终点。

三、器材与试剂

1. 器材
电子天平，磁力搅拌器，酸度计，碱式滴定管，容量瓶，三角瓶等。

2. 实验材料
食用味精。

3. 试剂
甲醛，0.05mol/L NaOH 标准溶液。

四、实验内容

（1）取干燥三角瓶 4 个并编号，1 号、2 号为样品瓶，3 号、4 号为空白瓶。称取 0.5g 味精样品加入 1 号、2 号瓶中，分别在 4 个三角瓶中加入 60mL 蒸馏水。用 0.05mol/L NaOH 标准溶液分别滴定至酸度计指示 pH 8.2 后，加入 10mL 甲醛（表 1）。

（2）用磁力搅拌器混匀，再用 0.05mol/L NaOH 标准溶液分别滴定至 pH 9.6 后，记下加入甲醛后消耗的 0.05mol/L NaOH 标准溶液体积。

表 1 味精中谷氨酸钠的测定试剂表

试剂	样品编号		空白编号	
	1	2	3	4
样品味精/g	0.5	0.5	—	—
蒸馏水/mL	60	60	60	60

续表

试剂	样品编号		空白编号	
	1	2	3	4
甲醛/mL	10	10	10	10
滴定消耗 NaOH 溶液/mL				

五、结果计算

$$样品中的谷氨酸钠含量 = \frac{c(V - V_0) \times M}{m} \times 100\%$$

式中　　c——NaOH 标准溶液的浓度，mol/L

　　　　V——滴定样品所消耗 NaOH 标准溶液的体积，mL

　　　　V_0——滴定空白所消耗 NaOH 标准溶液的体积，mL

　　　　m——样品质量，g

　　　　M——谷氨酸钠的摩尔质量，具有 1 分子结晶水时为 0.187，g/mmol

思考题

在本实验中，滴定后加入甲醛的作用是什么？

实验三十四

发酵过程中无机磷的应用

实验类型：综合性

教学时数：6 学时

一、实验目的

（1）掌握定磷法的原理和操作技术。

（2）了解发酵过程中无机磷的作用。

二、实验原理

酵母能使蔗糖和葡萄糖发酵产生乙醇和二氧化碳。此发酵作用和糖酵解作用的中间步骤基本相同。在酵母体内蔗糖先经蔗糖酶水解为葡萄糖和果糖，葡萄糖和果糖在发酵过程中再经磷酸化作用和其他反应生成各种酸酯。

本实验利用无机磷与钼酸形成的磷钼酸络合物能被还原剂 α-1，2，4-氨基萘酚磺酸钠还原成钼蓝的原理来测定发酵前后反应混合物中无机磷的含量，用以观察发酵过程中无机磷的消耗。

三、器材与试剂

1. 器材

恒温水浴箱，研钵，721 型分光光度计，锥形瓶，具塞试管等。

2. 实验材料

蔗糖，干酵母。

3. 试剂

5%三氯乙酸，（3mol/L）硫酸-（25g/L）钼酸铵混合液（等体积混合），磷酸盐溶液，标准磷酸盐溶液，α-1，2，4-氨基萘酚磺酸溶液。

四、实验内容

1. 标准曲线的制作

取六支具塞试管，分别编号为 0~5 号，按表 1 依次加入试剂（标准磷酸盐溶液中磷含量 50μg/mL）。

表1 无机磷含量标准曲线试管表

试剂	编号					
	0	1	2	3	4	5
标准磷酸盐溶液/mL	0	0.2	0.4	0.6	0.8	1.0
蒸馏水/mL	3.0	2.8	2.6	2.4	2.2	2.0
硫酸-钼酸铵混合液/mL	2.5	2.5	2.5	2.5	2.5	2.5
α-1，2，4-氨基萘酚磺酸溶液/mL	0.5	0.5	0.5	0.5	0.5	0.5
A_{600nm}						

按顺序依次加入以上试剂后放入37℃恒温水浴15min，在600nm处以0号为空白对照，分别测量1号~5号的吸光值（A值），计算5支试管中无机磷的含量，以A_{600nm}为纵坐标，含磷量为横坐标，在坐标纸上绘制标准曲线。

2. 酵母发酵

取2g干酵母和1g蔗糖放入研钵中研磨成粉末，加入10mL蒸馏水和10mL磷酸盐溶液，搅拌均匀。把悬液转到锥形瓶中并不断搅拌，迅速从中取出0.5mL加入已经盛有3.5mL 5%三氯乙酸的具塞试管中。将盛有悬液和5%三氯乙酸的具塞试管混匀静置，过滤得滤液，将滤液置于试管中，记为①号试剂。

再取出0.5mL悬液后迅速将锥形瓶放入37℃水浴锅中，并不断搅拌，每隔30min取样0.5mL仍放入已装有3.5mL的5%三氯乙酸中，混匀静置，过滤分别得不同滤液，依次放入3支试管中，记为②号、③号、④号试剂，即为无蛋白质滤液。

3. 样品中无机磷的测定

取五支具塞试管，编号6号~10号，按表2依次加入试剂。

表2 样品中无机磷的测定试管表

试剂	编号				
	6	7	8	9	10
无蛋白质滤液/mL	0.2 （①号）	0.2 （②号）	0.2 （③号）	0.2 （④号）	0
蒸馏水/mL	2.8	2.8	2.8	2.8	2.8
硫酸-钼酸铵混合液/mL	2.5	2.5	2.5	2.5	2.5
α-1,2,4-氨基萘酚磺酸溶液/mL	0.5	0.5	0.5	0.5	0.5
A_{600nm}					

按顺序依次加入上述试剂后，将五支试管放入 37℃ 恒温水浴 15min，以 10 号试管为参比，在 600nm 处测量 6 号~10 号试管的吸光值（A 值）。从标准曲线上查出各试样的无机磷含量，以 6 号试样的无机磷含量为 100%，计算酵母发酵 30，60，90min 后消耗无机磷的相对质量分数。

思考题

什么是糖酵解？指出糖酵解过程中利用无机磷的步骤。

实验三十五

酮体的生成和利用

实验类型：综合性
教学时数：6 学时

一、实验目的

了解酮体的生成部位及掌握测定酮体生成的方法。

二、实验原理

在肝脏线粒体中，脂肪酸经 β-氧化生成的过量乙酰辅酶 A 缩合成酮体。酮体包括乙酰乙酸、β-羟基丁酸和丙酮三种化合物。肝脏不能利用酮体，只有在肝外组织，尤其是心脏和骨骼肌中，酮体可以转变为乙酰辅酶 A 而被氧化利用。

酮体作为有机体代谢的中间产物，在正常的情况下产量甚微，患糖尿病或食用高脂肪膳食时，血中酮体含量增高，尿中也能出现酮体。

本实验以丁酸为基质，与肝匀浆一起保温，然后测定肝匀浆液中酮体的生成量。另外，单独与肌肉组织处理的情况下，再测定酮体的生成量。在这两种不同条件下，由酮体含量的差别可以证明酮体的生成部位。本实验主要测定的是丙酮的含量。

酮体测定的原理：在碱性溶液中 I_2 可将丙酮氧化成为碘仿。以 $Na_2S_2O_3$ 滴定剩余的 I_2，可以计算所消耗的 I_2，由此也就可以计算出酮体（以丙酮为代表）的含量。反应式如下：

$$CH_3COCH_3 + 3I_2 + 4NaOH \longrightarrow CHI_3 + CH_3COONa + 3NaI + 3H_2O$$

$$I_2 + 2Na_2S_2O_3 \longrightarrow Na_2S_4O_6 + 2NaI$$

三、器材与试剂

1. 器材

电子天平，恒温水浴锅，研钵，滤纸，锥形瓶等。

2. 实验材料

新鲜的动物肝脏和肌肉组织。

3. 试剂

1g/L 淀粉溶液，9g/L NaCl 溶液，15%三氯乙酸溶液，10g/L NaOH 溶液，10% HCl 溶液，0.5mol/L 丁酸溶液，0.02mol/L $Na_2S_2O_3$ 溶液（临用前标定），0.1mol/L I_2-KI 溶液，pH 7.6 磷酸盐缓冲液。

四、实验内容

1. 样本的制备

取新鲜的动物肝脏，用 9g/L NaCl 溶液洗去表面的污血，用滤纸吸去表面的水分，称取肝组织 5g 置于研钵中，加少许 9g/L NaCl 溶液至总体积为 10mL，制成肝组织匀浆。另外再取肌肉组织 5g，按上述方法和比例，制成肌组织匀浆。

2. 保温和沉淀蛋白质

取 3 支试管，按表 1 操作。

表 1 沉淀蛋白质实验试管表

试剂	管号		
	A	B	C
肝组织匀浆/mL	—	—	2.0
预先煮沸的肝组织匀浆/mL	2.0	—	—
肌组织匀浆/mL	—	2.0	—
pH 7.6 磷酸盐缓冲液/mL	4.0	4.0	4.0
正丁酸溶液/mL	2.0	2.0	2.0
43℃水浴保温 60min			
15%三氯乙酸溶液/mL	3.0	3.0	3.0

摇匀后，用滤纸过滤，将滤液分别收集在 3 支试管中，为无蛋白质滤液。

3. 酮体的测定

取 3 只锥形瓶，按表 2 操作。

表 2 酮体测定试管表

试剂	编号		
	A	B	C
无蛋白质滤液/mL	5.0	5.0	5.0
0.1mol/L I_2-KI 溶液/mL	3.0	3.0	3.0
10g/L NaOH 溶液/mL	3.0	3.0	3.0

向各管中加入 1g/L 淀粉液 1 滴，溶液呈蓝色，分别用 0.02mol/L $Na_2S_2O_3$ 溶液滴定至溶液蓝色消失为止。记录各管中滴定所用的 $Na_2S_2O_3$ 溶液的体积，计算样品中的丙酮含量，并分析结果。

五、结果计算

$$肝组织生成的丙酮量（mmol/g）= (V_C - V_A) \times c \times \frac{1}{6}$$

$$肌组织利用的丙酮量（mmol/g）= (V_C - V_B) \times c \times \frac{1}{6}$$

式中　　V_C——滴定样品 C 所消耗的 $Na_2S_2O_3$ 溶液体积，mL

　　　　V_A——滴定样品 A 所消耗的 $Na_2S_2O_3$ 溶液体积，mL

　　　　V_B——滴定样品 B 所消耗的 $Na_2S_2O_3$ 溶液体积，mL

　　　　c——$Na_2S_2O_3$ 溶液的标准浓度，mol/L

思考题

本实验为什么选用肝组织？选用其他组织是否可以？为什么？

Part 2 第二部分

食品生物化学常用实验技术

第 一 章

实验材料的预处理技术

在食品生物化学实验中，食品或其原料即实验材料。由于食品或食品原料的成分十分复杂，而且其中某些组分（如糖类、脂类、酶、维生素等）往往以复杂的结合态或络合态形式存在，常对分析测定过程产生干扰，使测定结果不准确。因此，在正式分析测定之前，需对样品进行适当的预处理，使被测组分与其他组分分离或者将干扰物质去除，以得到准确的分析结果。此外，有些被测组分在样品中含量太少或浓度太低（如生物活性成分、黄曲霉毒素等），直接测量有困难，这就需要在测定前对被测组分进行浓缩，以准确测定其含量。以上这些操作过程统称为实验材料的预处理或样品预处理，它是整个分析过程中的一个重要环节，直接关系到检测的成败。

实验材料预处理的总体原则如下。

（1）除去对被测组分产生干扰的物质。

（2）完整保留被测组分。

（3）使被测组分浓缩，以获得可靠的分析结果。

（4）调整被测样品的 pH、离子强度等，使其满足检测的要求。

样品的预处理方法取决于被测物质的组成、理化性质、食品类型以及被测项目的需要等，具体应用时，还可根据需要将几种不同的方法配合使用，以期获得理想的分析结果。以下介绍几种常用的样品前处理方法。

一、萃取技术

利用被测组分与干扰物质在溶剂中具有不同的溶解度或分配系数，将被测组分与其他组分完全分离或部分分离的方法称萃取法。此法常用于样品中脂肪、维生素、生物活性物质等组分的分离提取，根据样品的组成及被测组分性质的不同，常分为浸提法、索氏提取法、固相萃取法、超临界流体萃取法等。

1. 浸提法

根据相似相溶的原理采用适当溶剂作为提取剂，浸泡固体样品，将可溶性溶质浸提出来的方法，称浸提法。所谓适当溶剂指提取剂，不但能大量溶解被测组分，而且对被测组分的结构和性质不产生影响，例如，可以利用乙醚浸提植物种子中的油脂，用水浸提食品中的可溶性糖类等。此法常用的无机溶剂有水和稀酸、稀碱溶液等，常用的有机溶剂有乙醇、乙醚、氯仿、丙酮、石油醚等，也可以是几种溶剂组成的混合体系。

2. 索氏提取法

索氏提取法是用索氏提取器从固体食品中提取可溶性组分的方法。索氏提取器由提取瓶、抽提筒、冷凝器三部分组成（图1）。

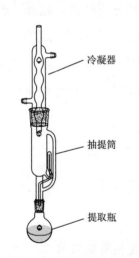

提取时，将待测样品粉碎后包在脱脂滤纸包中，放入抽提筒中。从抽提筒顶端加入适量提取剂，马上连接好装置，确保密闭不漏气，打开冷凝水，开始加热提取瓶，有机溶剂气化，由支管上升进入冷凝器冷凝成液滴，滴入抽提筒内浸提样品中的被测组分。待提取管内有机溶剂液面达到虹吸高度，溶有被测组分的有机溶剂经虹吸管流入提取瓶。流入提取瓶内的有机溶剂继续被加热气化、冷凝，滴入抽提筒内，如此循环往复，直到抽提完全为止。例如测定食品中的脂肪含量，测定茶叶中的咖啡因含量等都可采用此法。此法提取效率高，被测组分提取完全，但操作比较繁琐，需要使用有机溶剂，耗时较长。

图1　索氏提取器示意图

3. 固相萃取技术

固相萃取（Solid phase extraction，SPE）是19世纪70年代后期发展起来的样品前处理技术。由于其具有高效、可靠、消耗试剂少等优点，发展迅速，广泛应用于食品、生物、制药、临床医学等领域。

固相萃取（SPE）是利用固体吸附剂将样品中的目标化合物吸附，与样品的基体和干扰化合物分离，然后用洗脱液洗脱，达到分离和富集的目的。先使样品通过一个装有吸附剂（固相）的小柱，保留其中某些组分，再选用适当的溶剂冲洗小柱内的杂质，然后用少量溶剂迅速洗脱，从而达到快速分离净化与浓缩的目的。

（1）萃取原理　固相萃取的基本原理是样品在两相之间的分配，即在固相（吸附剂）和液相（溶剂）之间的分配。固相萃取保留或洗脱的机制取决于被分析物与吸附剂表面的活性基团，以及被分析物与液相之间的分子作用力。

洗脱模式有两种：一种是目标化合物与吸附剂比干扰物与吸附剂之间的亲和力更强，因而被保留，洗脱时采用对目标化合物亲和力更强的溶剂；另一种是干扰物与吸附剂比目标化合物与吸附剂之间的亲和力更强，则目标化合物被直接洗脱，通常采用前一种洗脱方式。

（2）固相萃取理论

①反相固相萃取（反相分离）：包括一个极性或中等极性的样品基质（流动相）和一个非极性的固定相。分析物通常是中等极性到非极性，如烷基，或芳香基键合的硅胶（LC-18，ENVI-18，LC-8，ENVI-8，LC-4和LC-Ph），这几种SPE材料属于反相类。键合硅胶即纯硅胶（一般孔径为$40 \sim 60$nm的颗粒）表面的亲水性硅醇基通过硅烷化学反应，被含有疏水性的烷基或芳香基取代了。

由于分析物中的碳氢键同硅胶表面官能团通过范德华力的吸附作用，使极性溶液（例如水、醇）中的有机分析物能保留在这些SPE物质上。为了从反相SPE管或片上洗脱被吸附的化合物，一般采用非极性溶剂洗脱以破坏范德华力。LC-18和LC-8是标准的单键合硅胶，而ENVI-18和ENVI-8则属于聚合键合类填料，具有很高的硅表面覆盖率和较高的碳含量。这类聚合键合类填料具有更强的抗酸碱性，适用范围更广泛，如从酸化的液体样品中富集有机化合物。

②正相固相萃取：包括一个极性分析物质、一个中等极性到非极性的物质（如丙酮，卤化溶剂和正己烷）和两个极性固定相。极性官能团键合硅胶（如LC-CN，LC-NH$_2$和LC-Diol）和极性吸附物质（如LC-Si，LC-Florisil，ENVL-Florisil和LC-Alumina）常用于正相条件。在正相条件下，分析物如何保留取决于分析物的极性官能团与吸附剂表面的极性官能团之间的相互作用，具体包括氢键相互作用、偶极-偶极相互作用和偶极-诱导偶极相互作用等。因此，由以

上几种机理所吸附的分析物,应用比样品本身更强极性的溶剂破坏其相互作用,洗脱出目标产物。

(3)固相萃取的操作步骤 一个完整的固相萃取步骤包括固相萃取柱的预处理,上样,洗去干扰物质,洗脱及收集分析物四个步骤。

①固相萃取柱的预处理:固相萃取的基本装置包括固相萃取柱和固相萃取过滤装置。商品化的固相萃取柱(Cartridge)外形类似于一个注射器针筒,也可自行填装固相萃取柱。固相萃取柱(图2)是整个固相萃取装置的核心。

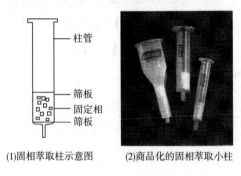

(1)固相萃取柱示意图　　　(2)商品化的固相萃取小柱

图2　固相萃取柱

萃取柱预处理采取的方法是用一定量溶剂冲洗萃取柱。其目的一是润湿和活化固相萃取填料,二是除去填料中可能存在的杂质,减少污染。

预处理方法如下:

反相类型的固相萃取硅胶和非极性吸附剂介质,通常用水溶性有机溶剂,如甲醇,进行预处理,然后用水或缓冲溶液替换滞留在柱中的甲醇;

正相类型的固相萃取硅胶和极性吸附剂介质,通常用样品所在的有机溶剂进行预处理;

离子交换填料一般用 3~5mL 去离子水或低浓度的离子缓冲溶液进行预处理。

需要注意的是,固相萃取填料从预处理到样品加入都应保持湿润,如果在样品加入之前,萃取柱中的填料干了,就需要重复预处理过程。

②上样:将样品倒入活化后的 SPE 小柱,然后利用加压、抽真空或离心的方法(图3)使样品进入吸附剂。采取手动、泵以正压推动或负压抽吸方式,使液体样品以适当流速通过固相萃取柱,此时,样品中的目标萃取物被吸附在固

相萃取柱填料上。

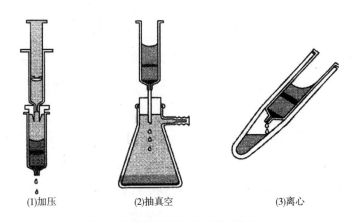

(1)加压　　　　　(2)抽真空　　　　　(3)离心

图3　样品进入固定相吸附剂的方法

③洗去干扰物质：目的是除去吸附在固相萃取柱上的少量基体干扰组分。用极性比样品基质强，但其强度又不至于洗脱分析物的溶剂冲洗填料。典型的溶液可含有比最后洗液少一点的有机或无机盐，也可以调节不同的 pH。一般选择中等强度的混合溶剂，尽可能除去基体中的干扰组分，又不会导致目标萃取物流失，例如：反相萃取体系常选用一定比例组成的有机溶剂-水混合液，有机溶剂比例应大于样品溶液而小于洗脱剂溶液。

④洗脱及收集分析物：选择适当的洗脱溶剂洗脱被分析物，收集洗脱液，挥干溶剂，以备后用或直接进行在线分析。

4. 超临界流体萃取技术（Supercritical fluid extraction，SFE）

任何一种物质都存在三种相态——气相、液相及固相，三相呈平衡态共存的点称为三相点，液、气两相呈平衡状态的点称为临界点。在临界点时的温度和压力称临界温度和临界压力。不同的物质的临界点所要求的压力和温度各不相同。

超临界流体（Supercritical fluid，SCF）是指在临界温度和临界压力以上的流体。高于临界温度和临界压力而接近临界点的状态称超临界状态。处于超临界状态时，气、液两相性质非常接近，以至于无法分辨，故称超临界流体（SCF）。

（1）超临界流体特点

①扩散系数比气体小，但比液体高一个数量级。

②黏度接近气体。

③相对密度类似液体，压力的细微变化可导致其密度的显著变动。

④压力或温度的改变均可导致相变。

由以上特性可以看出，超临界流体兼有液体和气体的双重特性，扩散系数大，黏度小，渗透性好，与液体溶剂萃取相比，可以更快地完成传质，达到平衡，实现高效分离。

（2）常用超临界流体萃取剂的临界特性　可作为 SCF 的物质很多，如二氧化碳、一氧化氮、水、乙烷、庚烷等。其中二氧化碳（CO_2）临界温度（$T_c =$ 31.3℃）接近室温，临界压力（$P_c = 7.37MPa$）也不高，且无色、无毒、无味，不易燃，为化学惰性，价格便宜，易制成高纯度气体，所以在实践中应用最多。由于被萃取物的极性、沸点、分子量等不同，二氧化碳对其萃取能力具有选择性，只要改变压力和温度条件，就可以溶解不同的物质成分，携带着溶质的二氧化碳通过改变压力温度条件将溶质析出在分离器中，然后又重新进入萃取器进行萃取。整个过程（包括萃取和分离）在一个高压密闭容器中进行，不可能有任何一种细菌存活，也不可能有任何一种外来杂质污染物料，同时系统中各段温度一般在萃取生物活性物质时都不超过 65℃，从而可以保证其中的热敏性物质不被破坏，又由于二氧化碳为惰性气体，被萃取物不会被氧化。因此在动植物油脂，食品香料和色素的萃取，酶、维生素的精制等方面应用广泛。

（3）超临界萃取流程　利用 SCF 的溶解能力随温度或压力改变而连续变化的特点，可将 SFE 过程大致分为两类，即等温变压流程和等压变温流程。前者是使萃取相经过等温减压，后者是使萃取相经过等压升（降）温，结果都能使 SCF 失去对溶质的溶解能力，达到分离溶质与回收溶剂的目的。

从钢瓶放出来的二氧化碳，经气体净化器，进入液体槽液化（一般液化温度在 0~5℃，用氟里昂制冷），然后由液泵经预热、净化器打入萃取罐，减压后，因二氧化碳溶解能力下降，萃取物与二氧化碳分离，萃取物从分离罐底部放出，二氧化碳从分离罐上部经净化器进入液化槽循环使用。其工艺流程图如图 4 所示。

尽管超临界流体萃取在食品工业应用中具有很多优点，但在我国，还未得到广泛的工业化应用，主要原因是超临界设备一次性投资较大，而且萃取工艺尚不成熟。但是由于超临界流体萃取的种种优点，很多厂家已经或正在准备投资购买超临界设备。超临界流体萃取天然色素工艺的研究是今后发展的一个重点，特别是随着人们对功能性天然色素的认识和重视程度越来越高，未来超临界流体萃取将取代传统的溶剂法提取天然色素，生产出高纯度、高品质的色素产品，以满足使用及出口的需要。

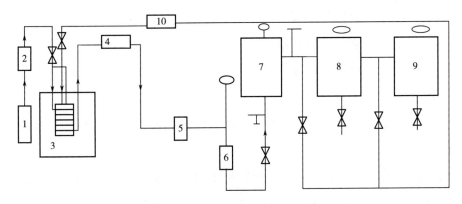

图 4　超临界二氧化碳萃取工艺流程图

1—CO_2 钢瓶　2—净化器　3—液化槽　4—液化泵　5—预热器

6—净化器　7—萃取罐　8、9—分离罐　10—净化器

二、分离技术

1. 离心技术

离心技术就是利用离心机旋转所产生的离心力，根据物质颗粒的沉降系数、质量、密度及浮力等因子的不同，使物质分离的技术。

（1）原理　当悬浮液静止不动时，由于重力的作用，密度较大的悬浮颗粒会逐渐沉降，颗粒质量越大下沉越快，反之会上浮。颗粒在重力场下移动的速度与颗粒的大小、形状、密度、重力场的强度及液体的黏度有关。如红细胞颗粒，直径为数微米，可以在重力作用下观察到它们的沉降过程。此外，颗粒在介质中沉降时还伴随有扩散现象。对小于几微米的颗粒如病毒或蛋白质等，它们在溶液中成胶体或半胶体状态，仅仅利用重力是不可能观察到沉降过程的，因为颗粒越小沉降越慢，而扩散现象则越严重，就需要利用旋转产生的离心力代替重力，使之产生沉降。

（2）离心力 离心分离是根据在一定角速度下做圆周运动的任何物体都受到一个向外的离心力进行的。离心力（F）的大小等于粒子旋转的加速度 α 与粒子质量 m 的乘积，即：

$$F = m\alpha = m \cdot \omega^2 r$$

式中 α——粒子旋转的加速度，cm/s^2

m——粒子的有效质量，g

ω——粒子旋转的角速度，r/s

r——粒子的旋转半径，cm

很显然，离心力随着转速和颗粒质量的提高而加大，随着离心半径的减小而降低。

（3）相对离心力 离心力常用地球的引力的倍数来表示，因而称为相对离心力（Relative centrifugal force，RCF），例如：$13000g$，单位与重力加速度（$980cm/s^2$）相同：

$$RCF = \frac{m\alpha}{mg} = \frac{m\omega^2 r}{mg} = \frac{\omega^2 r}{g}$$

$$\omega = \frac{2\pi \times n}{60}$$

$$RCF = 1.119 \times 10^{-5} \times n^2 r$$

在说明离心条件时，低速离心通常以粒子每分钟的转数（n）表示（r/s），如 $4000n$；而在高速离心——特别是在超速离心时——往往用相对离心力来表示，如 $65000g$。

（4）沉降速度与沉降系数 沉降速度（Sedimentation velocity，v）是指在离心力作用下，单位时间内粒子沉降的距离。

$$v = \frac{dX}{dt} = \frac{2r^2(\rho_p - \rho_m)}{9\eta}\omega^2 X = \frac{d^2(\rho_p - \rho_m)}{18\eta}\omega^2 X$$

式中 X——粒子沉降的距离

t——时间

r——球形粒子半径

d——球形粒子直径

η——流体介质的黏度

ρ_p——粒子的密度

ρ_m——介质的密度

从上式可知，粒子的沉降速度与粒子直径的平方、粒子的密度和介质密度之差成正比；离心力增大，粒子的沉降速度也增加。

沉降系数（Sedimentation coefficient，S）是指在单位离心力的作用下，待分离颗粒的沉降速度：

$$S = \frac{dX/dt}{\omega^2 X} = \frac{d^2}{18} \cdot \frac{(\rho_p - \rho_m)}{\eta}$$

S 的单位为秒（s），在实际应用时常在 10^{-13}s 左右，为了纪念离心技术早期的奠基人 Svedberg，而把 10^{-13}s 称为一个 Svedberg 单位（S），即 $1S = 10^{-13}$s。近年来，在生物化学、分子生物学及蛋白质化学等相关书籍和文献中，对于某些详细结构和相对分子质量不很清楚的大分子化合物，常常用沉降系数这个概念去描述它们的大小，如大豆蛋白的 7S 成分，11S 成分等，这里的 S 就是沉降系数，S 现在更多地用于生物大分子的分类。

（5）离心方法　根据离心原理，可设计多种离心方法，常见的有下列三大类型。

①沉淀离心法：沉淀离心技术是目前应用最广的一种离心方法，一般是指选用一种离心速度，使悬浮溶液中的悬浮颗粒在离心力的作用下完全沉淀下来，这种离心方式称沉淀离心，离心时可根据颗粒大小确定沉降所需要的离心力，主要适用于细菌等微生物，细胞和细胞器等生物材料，以及病毒和染色体等的离心分离。

②差速离心法：采用不同的离心速度和离心时间，使沉降速度不同的颗粒分批分离的方法，称差速离心法。操作时，采用均匀的悬浮液进行离心，选择好离心力和离心时间，使大颗粒先沉降，取出上清液，在加大离心力的条件下再进行离心，分离较小的颗粒。如此经多次离心，使不同大小的颗粒分批分离。差速离心所得到的沉降物含有较多杂质，需经过重新悬浮和再离心若干次，才能获得较纯的分离产物。

差速离心法主要用于分离大小和密度差异较大的颗粒。操作简单方便，但分离效果较差，常用于其他分离手段之前的粗制品提取。

③密度梯度离心法：密度梯度离心是样品在密度梯度介质中进行离心，使密度不同的组分得以分离的一种区带分离方法。密度梯度系统是在溶剂中加入一定的梯度介质制成的。梯度介质应有足够大的溶解度，以形成所需的密度，

不与分离组分反应，而且不会引起分离组分的凝聚、变性或失活，常用的有蔗糖、甘油等。使用最多的是蔗糖密度梯度系统，其梯度范围是：蔗糖质量分数为 5%～60%，密度 $1.02～1.30g/cm^3$。

密度梯度的制备可采用梯度混合器，也可将不同浓度的蔗糖溶液，小心地一层层加入离心管中，越靠管底，浓度越高，形成阶梯梯度。离心前，把样品小心地铺放在制备好的密度梯度溶液的表面。离心后，不同大小、不同形状、有一定的沉降系数差异的颗粒在密度梯度溶液中形成若干条界面清晰的不连续区带。各区带内的颗粒较均一，分离效果较好。

在密度梯度离心过程中，区带的位置和宽度随离心时间的不同而改变。随着离心时间的加长，区带会因颗粒扩散而越来越宽。为此，适当增大离心力而缩短离心时间，可减少区带扩宽。

2. 层析分离技术

层析分离法又称色谱法、色层法或层离法（Chromatography），是一种应用很广的分离分析方法。1903 年，俄国植物学家 Michael Tswett 在研究分离植物色素过程中，首先创造了层析分离法。层析分离法分离效率高，操作方便，是近代生物化学最常用的分析方法之一，此种方法可以分离和鉴定性质极为相似且用一般化学方法难以分离的多种化合物，如氨基酸、蛋白质、糖类、脂类、核苷酸、核酸等。

（1）原理　层析分离技术是利用混合物中各组分物理化学性质（如溶解度、吸附能力、电荷、分子大小与形状、分子亲和力等）的差别建立起来的技术。所有的层析系统都由两个相组成：一是固定相，它是固体物质或者是固定于固体物质上的成分；二是流动相，即可以流动的物质，如水和各种溶媒。当待分离的混合物随流动相通过固定相时，不断进行着交换、分配、吸附、解吸等过程，由于各组分的理化性质存在差异，与两相发生相互作用的能力不同，因而所受固定相的阻滞作用和受流动相推动作用的影响各不相同，从而使各组分以不同速度移动而达到彼此分离的目的。

（2）分类　层析分离技术按原理不同可分为吸附层析、分配层析、离子交换层析、凝胶层析及亲和层析等；按照操作形式不同可分为纸层析、薄层层析和柱层析等；按照流动相状态不同，可分为气相层析和液相层析等。现简介几种层析技术。

①分配层析：利用混合物中各组分在两相中分配系数不同而使之分离的层析技术，相当于一种连续性的溶剂抽提方法。分配系数是指在一定温度和压力条件下物质在固定相和流动相两部分浓度达到平衡时的浓度比值。如以一些吸附力小、反应性弱的惰性支持物（如淀粉、纤维素粉、滤纸等）上结合的水作为固定相，加入不与水混合或仅部分混合的溶剂作为流动相，由于混合物各组分在两相中发生不同的分配而逐渐分开，形成层析谱。固定相除水外，也可用稀硫酸、甲醇、仲酰胺等强极性溶液，流动相则采用比固定相极性小或非极性的有机溶剂。

②吸附层析：根据物料中各组分对固定相（吸附剂）的吸附程度不同，以及其在相应的流动相（溶剂）中溶解度的差异，经反复的吸附—解吸—再吸附—再解吸的过程，达到分离目的。吸附层析过程无化学键引入，只存在相对较弱的氢键、范德华力和偶极力相互作用，常用 Al_2O_3、SiO_2（硅胶）、聚酰胺等作为吸附剂，对被吸附物质进行物理吸附或化学吸附，根据吸附能力的不同将混合物分离。吸附力的强弱，除与吸附剂本身的性质有关外，也与被吸附物质有关。根据操作装置的不同，吸附层析可分为柱层析与薄层层析两种。

③离子交换层析：是以具有离子交换性能的物质作固定相，利用它与流动相中的离子能进行可逆的交换性质来分离离子型化合物的一种方法。离子交换剂具有酸性或碱性基团，装柱前阴离子交换剂常用"碱-酸-碱"处理，最终转为—OH^-型或盐型交换剂；对于阳离子交换剂则用"酸-碱-酸"处理，最终转为—H^-型交换剂。阴阳离子交换剂分别能与水溶液中阳离子和阴离子进行交换。它的交换过程是溶液中的离子穿过交换剂的表面，到交换剂颗粒之内，与交换剂的离子互相交换。由于各种离子所带电荷的量不同，它们对交换剂的亲和力有所差别。因此，在洗脱过程中，各种离子从固体柱上下来的顺序不同，从而可达到分离的目的。这种交换是定量完成的，因此测定溶液中由固体上交换下来的离子量，可知样品中原有离子的含量；也可将吸附在交换剂上的样品的成分用另一洗脱液洗脱下来，再进行定量。

④凝胶层析：凝胶层析又称分子筛过滤、排阻层析等。它的突出优点是层析所用的凝胶属于惰性载体，不带电荷，吸附力弱，操作条件比较温和，可在相当广的温度范围下进行，不需要有机溶剂，并且对分离成分理化性质的保持有独到之处，对于高分子物质有很好的分离效果。根据实验目的不同选择不同

型号的凝胶。如果实验目的是将样品中的大分子物质和小分子物质分开，由于它们在分配系数上有显著差异，这种分离又称组别分离，一般可选用 SephadexG-25 和 G-50，对于小肽和低分子质量的物质（1000~5000u）的脱盐可使用 SephadexG-10，G-15 及 Bio-Gel-p-2。如果实验目的是将样品中一些分子质量比较近似的物质进行分离，则可称为分级分离。一般选用排阻限度略大于样品中最高分子质量物质的凝胶，层析过程中这些物质都能不同程度地深入凝胶内部，由于分子质量不同，最后得到分离。凝胶层析分离物质的分子质量范围是 $10^{-1}~10^5$ ku。目前使用的商品凝胶，如琼脂糖凝胶，可分离物质的分子质量可达 10^5 ku，故可用以分离大分子质量的蛋白质、酶和核酸。凝胶层析还可应用于微量放射性物质的分离和蛋白质分子质量的测定。

3. 膜分离技术

（1）原理　膜分离技术（Membrane separation technology，MST）是利用天然或人工合成的高分子薄膜以压力差、浓度差、电位差和温度差等外界能量位差为推动力，对双组分或多组分的溶质和溶剂进行分离、分级、提纯和富集的方法。常用的膜分离方法主要有微滤（Micro-Filtration，MF）、超滤（Ultra-Filtration，UF）、纳滤（Nano-Filtration，NF）、反渗透（Reverse-Osmosis，RO）和电渗析（Eletro-Dialysis，ED）等。MST 具有节能、高效、简单、造价较低、易于操作等特点，可代替传统的精馏、蒸发、萃取、结晶等分离技术，是食品生物化学中一种高效的分离技术。

（2）分离方法

①超滤技术：超滤技术始于 1861 年，其过滤粒径介于微滤和反渗透之间为 5~10nm，在 0.1~0.5MPa 的静压差推动下，原料液中的溶剂和小的溶质粒子从高压料液侧透过膜到低压侧，一般称滤液，而各种可溶性大分子被截留（如多糖、蛋白质、酶等相对分子质量大于 500 的大分子及胶体），形成浓缩液，达到溶液的净化、分离及浓缩的目的。

超滤技术的核心部件是超滤膜，分离截留的原理为物理筛分，小于孔径的微粒随溶剂一起透过膜上的微孔，而大于孔径的微粒则被截留。膜上微孔的尺寸和形状决定膜的分离效率。超滤膜均为不对称膜，形式有平板式、卷式、管式和中空纤维状等。

②纳滤膜：纳滤膜的孔径为纳米级，介于反渗透膜（RO）和超滤膜（UF）

之间，因此称"纳滤"。

纳滤膜的表层较 RO 膜的表层要疏松得多，但较 UF 膜的要致密得多。纳滤膜主要用于截留粒径在 0.1~1nm，相对分子质量为 1000 左右的物质，可以使一价盐和小分子物质透过，具有较小的操作压（0.5~1MPa）。其被分离物质的尺寸介于反渗透膜和超滤膜之间，但与上述两种膜有所交叉。

大部分纳滤膜为荷电膜，通常认为纳滤膜的分离机理是溶解–扩散方式。其具体过程如下：首先，溶液和溶剂在膜的溶液侧膜面吸附和溶解；然后，溶质和溶剂之间无相互作用，它们在各自化学位差的推动下仅以分子扩散方式通过纳滤膜的活性层；最后，溶质和溶剂在透过液一侧解吸。

③反渗透技术：渗透是自然界一种常见的现象。人类很早以前就已经自觉或不自觉地使用渗透或反渗透分离物质。目前，反渗透技术已经发展成为一种普遍使用的现代分离技术。

如果用一张只能透过水而不能透过溶质的半透膜将两种不同浓度的水溶液隔开，水会自然地透过半透膜渗透，从低浓度水溶液向高浓度水溶液一侧迁移，这一现象称渗透，如图 5（1）所示。这一过程的推动力是低浓度溶液中水的化学位与高浓度溶液中水的化学位之差，表现为水的渗透压。随着水的渗透，高浓度水溶液一侧的液面升高，压力增大。如图 5（2）所示，当液面升高至 H 时，渗透达到平衡，两侧的压力差就称为渗透压。渗透过程达到平衡后，水不再有渗透，渗透通量为零。如果在高浓度水溶液一侧加压，使高浓度水溶液侧与低浓度水溶液侧的压差大于渗透压，则高浓度水溶液中的水将通过半透膜流向低浓度水溶液侧，这一过程就称为反渗透，如图 5（3）所示。

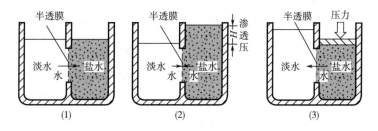

图 5　渗透与反渗透原理示意图

反渗透技术所分离的物质的相对分子质量一般小于 500，操作压力为 2~100MPa。用于实施反渗透操作的膜为反渗透膜。反渗透膜大部分为不对称膜，孔径小于 0.5nm，可截留溶质分子。制备反渗透膜的材料主要有醋酸纤维素、芳香族聚酰胺、聚苯并咪唑、磺化聚苯醚、聚芳砜、聚醚酮、聚芳醚酮、聚四氟乙烯等。

三、消化技术

食品或食品原料中的金属或非金属元素，有的是食品的正常成分，有的则是在生产、保存、运输或销售过程中引入的污染物，这些元素常常与蛋白质等高分子有机化合物结合成难溶或难以解离的有机化合物，使元素测定难以直接进行。因此，在测定之前需要利用高温或者强氧化的作用破坏其有机结合体，使被测组分释放出来，进而被分析测定。分解有机物因原料的组成以及被测元素的性质不同可有许多不同的操作方法，总体上可分为干法灰化法、湿法消化法和微波消解法。

1. 干法灰化

（1）原理　将样品置于电炉上加热，使其中的有机物脱水、炭化、分解、氧化，再置于高温炉中灼烧灰化，直至残灰为白色或灰色为止，所得残渣即为无机成分。

（2）操作方法　用分析天平准确称取一定量试样于瓷坩埚中，先小火在可调式电热板上炭化至无烟，移入马弗炉从 $500\sim600℃$ 灰化一定时间，留残灰备用。测定食品中的矿物元素多用干法灰化，此法可使有机物彻底分解，被测组分富集，但操作时间较长。

2. 湿法消化

（1）原理　在样品中加入强氧化剂，并加热消煮，使样品中的有机物质完全分解、氧化，呈气态逸出，待测组分转化为无机物状态存在于消化液中。

（2）操作方法　在样品中加入适量的氧化性强酸和催化剂，在通风橱中用消化炉加热消化。常采用浓硫酸、硝酸-硫酸、高氯酸-硝酸等作为强氧化剂。湿法消化常用于食品中蛋白质含量的测定，有机物分解速度快，但是消化过程中会产生大量有毒气体。

3. 微波消解法

（1）原理　在 2450Hz 微波电磁场的作用下，产生超高频振荡，使样品与溶剂分子间碰撞、摩擦、挤压，产生高热使样品在短时间内完全分解。

（2）操作方法　将样品放入消解罐中，根据实验方法加入相应酸，安装消解罐使之密封，将消解罐装入压力套管中，将安装好的压力套管放入消解转子的凹槽里，尽量使其对称分布。将温度传感器放入主控罐中，并将消解转子放入消解仪内，将温度传感器接入相应接口。使用程序化的微波湿法消化器，系统可以程序升温，先脱水，然后湿法灰化，同时可控制真空度和温度，与马弗炉相比缩短了灰化时间。如面粉的微波湿法灰化只需 10~20min，对于植物样品（除铜的测定外），用微波系统灰化仅需 20min。微波消解系统如图 6 所示。

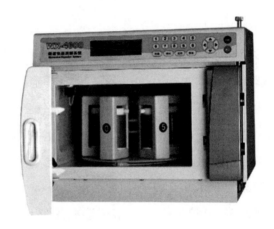

图 6　微波消解系统

四、浓缩技术

浓缩是在沸腾状态下，将挥发性大小不同的物质进行分离，从浸提液中除去溶剂得到浓缩液的过程。

1. 常压浓缩法

常压浓缩法主要用于被测组分为非挥发性样品溶液的浓缩，通常采用蒸发皿直接蒸发。若要回收溶剂可以采用普通蒸馏装置（图 7）等。该方法操作简便易行，但需要较高的温度，液面易结膜不利于蒸发。

2. 减压浓缩法

减压浓缩法主要用于被测组分为热不稳定或易挥发的样品溶液的浓缩。由

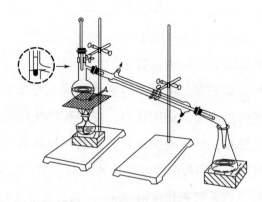

图 7　普通常压蒸馏装置

于降低压力，溶液的沸点降低，能防止或减少热不稳定样品的分解或易挥发样品的逸失，强化蒸发操作，并能不断地排除溶剂蒸气，有利于蒸发顺利进行。通常采用旋转蒸发器（图 8）或 K-D 浓缩器（图 9），旋转蒸发仪通过电子系统控制，使烧瓶在最适合速度下，恒速旋转以增大蒸发面积。通过真空泵使蒸发烧瓶处于负压状态，蒸发烧瓶在旋转的同时于水浴锅中恒温加热，瓶内溶液于负压下在旋转烧瓶内进行加热扩散蒸发。旋转蒸发器系统可以密封减压至 53~83kPa；用水浴加热蒸馏瓶中的溶剂，加热温度可接近该溶剂的沸点；同时还可进行旋转，速度为 50~160r/min，使溶剂形成薄膜，增大蒸发面积。此外，在高效冷却器作用下，可将热蒸气迅速液化，加快蒸发速率。用 K-D 浓缩器浓缩

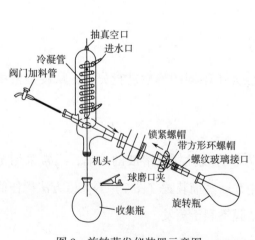

图 8　旋转蒸发仪装置示意图

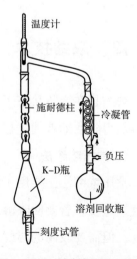

图 9　K-D 浓缩器装置示意图

时，水浴加热并抽气减压，施耐德柱可有效防止部分溶剂冲出，同时冷却下来的溶剂又能回流洗净器壁上的待浓缩组分，浓缩温度低，被测组分损失少，特别适用于果蔬农药残留分析中样品溶液的浓缩。

第 二 章

色谱分析技术

一、分光光度法

分光光度法（Spectrophotometry）是利用物质特有的吸收光谱来鉴别物质或测定物质中组分含量的一种方法，根据测定的光的波长，分为紫外分光光度法、可见分光光度法和红外分光光度法。它具有灵敏度高、操作简便、快速等优点，是食品生物化学中常用的实验方法。

1. 物质的吸收光谱曲线

在分光光度计中，以不同波长的光连续地照射一定浓度的样品溶液，并测定物质对各种波长光的吸收程度（吸光度 A 或光密度 OD）或透射程度（透光度 T），以波长 λ 作横坐标，A 或 T 为纵坐标，画出连续的 "A-λ" 或 "T-λ" 曲线，即为该物质的吸收光谱曲线。

如图 1 所示可以看出吸收光谱的特征如下。

（1）曲线上 b 处称最大吸收峰，它所对应的波长称最大吸收波长，以 λ_{max} 表示。

（2）曲线上 d 处有一谷，称最小吸收峰，所对应的波长称最小吸收波长，以 λ_{min} 表示。

（3）曲线上在最大吸收峰旁边有一小峰 c，称肩峰。

（4）在吸收曲线的波长最短的一端，曲线上 a 处，吸收相当强，但不成峰形，此处称末端吸收。

λ_{max} 是化合物中电子能级跃迁时吸收的特征波长，不同物质有不同的最大吸收峰，所以它对鉴定化合物极为重要。在吸收光谱中，λ_{max}、λ_{min}、肩峰以及整

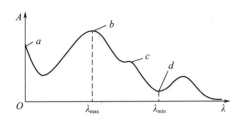

图 1　吸收光谱曲线示意图

个吸收光谱的形状取决于物质的性质，其特征随物质的结构而异，可作为定性分析的依据。

2. 光的吸收定律

在比色分析中，有色物质溶液颜色的深度决定于入射光的强度、有色物质溶液的浓度和溶液的厚度。当一束单色光透过有色物质溶液时，溶液的浓度越大，透过液层的厚度越大，则光线的吸收越多。朗伯-比尔（Lambert-Beer）定律是分光光度计进行比色分析的基本原理。一束单色光照射于一吸收介质表面，在通过一定厚度的介质后，由于介质吸收了一部分光能，透射光的强度就要减弱。吸收介质的浓度愈大，介质的厚度愈大，则光强度的减弱愈显著，其关系为：

$$A = \lg(1/T) = K \cdot l \cdot c$$
$$T = (I_t/I_0) \times 100\%$$

式中　A——吸光度

　　　T——透光度

　　　I_0——入射光的强度

　　　I_t——透射光的强度

　　　K——摩尔吸光系数，它与吸收物质的性质及入射光的波长 λ 有关

　　　l——吸收介质的厚度

　　　c——吸光物质的浓度

朗伯-比尔定律的物理意义是，当一束平行单色光垂直通过某一均匀非散射的吸光物质时，其吸光度 A 与吸光物质的浓度 c 及吸收层厚度 l 成正比。当介质中含有多种吸光组分时，只要各组分间不存在相互作用，则在某一波长下介质的总吸光度是各组分在该波长下吸光度的加和，这一规律称为吸光度的加和性。

3. 绘制标准曲线

若遵循朗伯-比尔定律，且 l 为一常数，以吸光度及对应浓度绘图，得一通过原点的直线，如图2所示。根据朗伯-比尔定律，做出标准物质吸光度与浓度的标准曲线，借助于标准曲线，很容易根据测定的吸光度得知一未知溶液的浓度。其方法和步骤如下。

（1）配制一组浓度不同的标准溶液（c_1，c_2，……）。

（2）在一定波长下，分别测定其吸光度（A_1，A_2，……）。

（3）以吸光度（A）为纵坐标，浓度（c）为横坐标，绘制曲线，得到一条通过原点的直线，称标准曲线，如图2所示。

（4）用完全相同的方法和步骤测定待测溶液的吸光度 A_x，通过标准曲线或者标准曲线的回归方程，进行定量计算，确定待测溶液浓度 c_x。

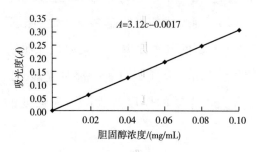

图2　胆固醇标准曲线 （$\lambda = 560\mathrm{nm}$）

4. 分光光度法的应用

（1）通过测定某种物质吸光度或发射光谱确定该物质的组成。

（2）通过测定不同波长下的吸光度测定物质的相对纯度。这种方法在 DNA 的浓度测定中最为常用，可测定样品溶液的 A_{260}/A_{280}，纯净 DNA 样品的比值为 1.8，样品中若混有蛋白质，比值将变小。

（3）通过测量适当波长的信号强度确定混合物质中存在的某种物质的含量。

（4）通过测量某一种底物消失或产物出现的量与时间的关系，追踪反应过程。

（5）通过测定微生物培养体系中的 OD 值（光密度），确定体系中微生物的密度，可以对培养体系中微生物的数量进行动态监测。

5. 分光光度计的主要元件

分光光度计的主要元件如图 3 所示。

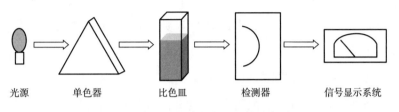

光源　　　单色器　　　比色皿　　　检测器　　　信号显示系统

图 3　分光光度计的主要元件示意图

（1）光源　常用光源有两类，热辐射光源和气体放电光源。前者用于可见光区，如钨丝灯和卤钨灯；后者用于紫外光区，如氢灯和氘灯。

（2）单色器　单色器是分光系统的核心部件，主要功能是将光源发射出来的光分离成单色光，包括入射狭缝、出射狭缝、色散元件和准直镜。狭缝用于调节入射单色光的强度和纯度，直接影响分辨力。常用的色散元件有棱镜和光栅，色散元件的质量决定了单色器的质量。

（3）比色皿　比色皿也称样品池，用于盛放待测溶液。光径有 0.5，1，2cm 等多种型号，其中 1cm 最为常用。比色皿有玻璃和石英两种材质，前者只适用于可见光区。

（4）检测器　检测器的作用是检测光信号，并将光信号转换为电信号。目前常用的有光电管和光电倍增管，后者的电流更大，灵敏度更高。

（5）信号显示系统　分光光度计的显示仪表有指针式和数显式，有透光率（T）和吸光度（A）两种表示方法。有的设备还可以连接电脑进行自动控制和数据处理。

二、荧光分析法

当紫外光照射某一物质时，该物质会在极短的时间内，发射出比照射波长更长的光。而当紫外光停止照射时，这种光也随之很快消失，这种光称为荧光。荧光是一种光致发光现象。物质所吸收光的波长和发射的荧光波长与物质分子结构有密切关系。同一种分子结构的物质，用同一波长的激发光照射，可发射相同波长的荧光，但其所发射的荧光强度随着该物质浓度的增大而增强。利用这些性质对物质进行定性和定量分析的方法，称荧光分析法，也称荧光分光光度法。与分光光度法相比较，这种方法具有较高的选择性及灵敏度，所需试样量少，操作简单，且能提供比较多的物理参数，现已成为食品生物化学分析和研究的常用手段。

1. 荧光分析法的测定方法

荧光分析法有定性和定量两种，一般定性分析采用直接比较法。就是将被测样品和已知标准样品在同样条件下，根据它们所发出荧光的性质、颜色、强度等鉴定它们是否属于同一种荧光物质。荧光物质特性的光谱包括激发光谱和荧光光谱两种。在分光光度法中，被测物质只有一种特征的吸收光谱，而荧光分析法能测出两种特征光谱，因此，鉴定物质的可靠性较强。

荧光分析法的定量测定方法较多，可分为直接测定法和间接测定法两大类。

（1）直接测定法 利用荧光分析法对被分析物质进行浓度测定，最简单的便是直接测定法。某些物质只要本身能发荧光，就可将这类物质的样品做适当的前处理，分离除去干扰物质，通过测量它的荧光强度测定其浓度。具体方法有以下两种。

①直接比较法：已知配制标准溶液的荧光强度 F_x，和标准溶液的浓度 c_s，便可求得样品中待测荧光物质的含量。

②标准曲线法：将已知含量的标准品经过和样品同样的处理后，配成一系列标准溶液，测定其荧光强度，以荧光强度及对应的荧光物质含量绘制标准曲线，再测定样品溶液的荧光强度，由标准曲线便可求出样品中待测荧光物质的含量。

为了使各次所绘制的标准曲线一致，每次应以同一标准溶液对仪器进行校正。如果该标准溶液在紫外光照射下不够稳定，则必须改用另一种稳定且荧光峰相近的标准溶液来进行校正。例如，测定维生素 B_1 时，可用硫酸奎宁溶液作为基准来校正仪器；测定维生素 B_2 时，可用荧光素钠溶液作为基准来校正仪器。

（2）间接测定法 有许多物质本身不能发荧光，或者荧光量子产率很低，无法直接测定。这种情况下可采用间接测定方法。间接测定方法有以下几种。

①化学转化法：化学转化法是通过化学反应将非荧光物质转变为适合于测

定的荧光物质，例如金属离子与螯合剂反应生成具有荧光的螯合物；有机化合物可通过光化学反应、降解反应、氧化还原反应、偶联反应、缩合反应或酶促反应，使它们转化为荧光物质。

②荧光淬灭法：有的待测物具有使某种荧光物质的荧光淬灭的能力，就可通过测量荧光物质的荧光强度的下降，间接地测定该物质的浓度。

③敏化发光法：对于很低浓度的分析物质，因其荧光信号太微弱而无法直接检测。在此种情况下，可使用敏化剂吸收激发光，然后将激发光能传递给发荧光的分析物质，从而提高被分析物质测定的灵敏度。

2. 影响荧光强度的因素

（1）溶剂 溶剂能影响荧光效率，改变荧光强度，因此，在测定时必须用同一溶剂。

（2）浓度 在较浓的溶液中，荧光强度并不随溶液浓度呈正比增长。因此，必须找出与荧光强度呈线性的浓度范围。

（3）pH 荧光物质在溶液中绝大多数以离子状态存在，而发射荧光的最有利的条件就是它们的离子状态。因为在这种情况下，由于离子间的斥力，最大限度地避免了分子之间的相互作用，每一种荧光物质都有最适发射荧光的离子状态，也就是最适 pH。

（4）温度 荧光强度一般随温度升高而降低，这主要是由于分子内部能量转化的缘故。随着温度升高，分子的振动加强，通过分子间的碰撞将吸收的能量转移给了其他分子，干扰了激发态的维持，从而使荧光强度下降，甚至熄灭。因此，有些荧光仪的液槽配有低温装置，使荧光强度增大，以提高测定的灵敏度。

（5）时间 有些荧光物质的分子结构改变或者实验条件不同，荧光物质形成的时间也不同。有些荧光物质在激发光较长时间的照射下才会发生光分解。因此，过早或过晚测定物质的荧光强度都会带来误差。必须通过条件试验确定最适宜的测定时间，使荧光强度达到最大且稳定。

（6）共存干扰物质 有些干扰物质能与荧光分子作用使荧光强度显著下降，有些共存物质能产生荧光或散射光，也会影响荧光的正确测量，故应设法除去干扰物，并使用纯度较高的溶剂和试剂。

三、气相色谱分析

1. 原理

在互不相溶的两相——流动相和固定相的体系中，当两相做相对运动时，第三组分（即溶质或吸附质）连续不断地在两相之间进行分配，这种分配过程即为色谱过程。由于流动相、固定相以及溶质混合物性质的不同，在色谱过程中溶质混合物中的各组分表现出不同的色谱行为，从而使各组分彼此相互分离。

例如一个试样中含 A、B 两个组分，已知 B 组分在固定相中的分配系数大于 A 组分，即 $K_B > K_A$。当样品进入色谱柱时，组分 A、B 以一条混合谱带出现，由于组分 B 在固定相中的溶解能力比组分 A 大，因此组分 A 的移动速度大于组分 B，经过多次反复分配后，分配系数较小的组分 A 首先被带出色谱柱，而分配系数较大的组分 B 则后被带出色谱柱，于是样品中各组分达到分离的目的。设法将流出色谱柱某组分的浓度变化用电压、电流信号记录下来，便可逐一进行定性和定量分析。

在气相色谱流程中，混合物是通过色谱柱实现分离的。色谱柱有两种，一种是内部装固定相的填充柱，通常为金属或玻璃制成的内径 2~6mm，长 0.5~10m 的 U 形柱或螺旋柱；另一种是将固定相均匀涂放在毛细管的内壁上的空心毛细管柱，通常为不锈钢或玻璃制成的内径为 0.1~0.5mm，长 50~300mm 的毛细管柱。根据填充柱中填充的固定相，气相色谱可分为气-固色谱和气-液色谱两种。

（1）气-固色谱　气-固色谱中固定相是一种多孔性的具有较大表面积的吸附剂，研磨成一定粒度的小颗粒。样品由载气带入色谱柱时，立刻被吸附剂所吸附。载气不断流过吸附剂时，吸附着的被测组分又被洗脱下来，即脱附。脱附的组分随着载气继续前进时，又可能被前面的吸附剂所吸附。随着载气的流动，这种吸附-脱附过程在吸附剂表面反复进行。由于混合物中各组分性质的不同，在吸附剂上的吸附能力也不同，较难吸附的物质就容易脱附，较快地向前移动；而容易吸附的物质较难脱附，向前移动较慢。经过一定时间，即通过一定量的载气后，样品中各组分就彼此分离开先后流出色谱柱。

（2）气-液色谱　气-液色谱的固定相是在化学惰性的固体颗粒表面涂一层

高沸点的有机化合物的液膜，这种高沸点有机化合物称固定液。在气-液色谱柱中，被测物质中各组分的分离是由于各组分在固定液中溶解度的不同。载气带着被测物质进入色谱柱时，气相中的被测组分溶解到固定液中去，随着载气的不断通过，溶解于固定相中的组分又可挥发出来，挥发到气相中的被测组分又会溶解在前面的固定液中。经过这样反复多次的溶解—挥发，因各组分在固定液中的溶解度不同，溶解度大的组分较难挥发，在柱中停留时间较长，而溶解度小的组分易挥发，在柱中停留时间短，一定时间后，各组分就可彼此分离开来。

气相色谱的分离效果可直观地表现在色谱图的峰间距离和峰宽度上。只有相邻色谱峰的距离较大，峰宽度较窄时，组分才能得到充分的分离。色谱峰之间的距离，取决于组分在固定相和流动相之间的分配系数，与色谱过程的热力学因素有关，可用塔板理论来描述。而色谱峰的宽度，则与各组分在色谱柱中的运动情况有关，反映了各组分在流动相和固定相之间的传质阻力，即动力学因素，要用速率理论来讨论。所以在讨论色谱柱的分离效能时，要考虑到这两方面的因素。

分离度是评价色谱柱总分离效能的指标。混合物中各个组分能否为色谱柱所分离，不但取决于固定相与混合物中各组分分子间相互作用力的大小，而且色谱分离过程中各种操作因素的选择是否合适，对于实现分离的可能性也有很大的影响。因此在色谱分离过程中，不但要根据具体情况选择合适的固定相，使各组分有可能被分离开，而且要创造一定条件，使这种可能性得以实现，且达到最佳分离效果。

要使相邻两组分得以分离，首先是两组分的流出峰之间的距离足够大，同时还要求两色谱峰的宽度足够窄。必须同时满足上述两个条件，两组分才能分离完全。为了判断相邻两组分在色谱柱中的分离情况，常用分离度 R 作为色谱柱总分离效能的指标。

2. 色谱柱系统

色谱法中一个首要问题是设法将混合物中的不同组分加以分离，然后通过检测器对已分离的各组分进行鉴定或测定。完成分离过程所需要的色谱柱便是色谱仪的关键部件之一。

在色谱柱内不移动、起分离作用的物质称固定相。气-固色谱的固定相是具有活性的多孔性固体物质（吸附剂）、高分子多孔聚合物等固体固定相。气-液色谱的固定相有时仅指起分离作用的液态物质（固定液），但一般是指承载有固定液的惰性固体，即液态固相。

（1）气-固填充色谱柱　气-固色谱固定相是一类吸附剂，所能分析的样品主要是永久性气体和低相对分子质量的烃类等气态混合物。

（2）气-液填充色谱柱　气-液色谱固定相是在惰性固体表面涂上一层很薄的高沸点有机液体，这种高沸点的有机液体称"固定液"，起着承载固定液作用的惰性固体称"载体"。在实际工作中，一般是根据被分离样品组分的性质，按相似相溶原则选用固定相，性质相似时，溶质与固定液间的作用力大，在柱内保留时间长，反之就先出柱。

（3）毛细管柱气相色谱法　毛细管气相色谱法是使用具有高分辨能力的毛细管色谱柱来分离复杂组分的色谱法。毛细管色谱柱内径只有 0.1~0.53mm，长度可达 100m，甚至更长，空心。毛细管色谱的出现使色谱分离能力大大提高，对于分析复杂的有机混合物样品，如石油化工产品、环境污染物、天然产品、生物样品、食品等方面开辟了广阔的前景，已成为色谱学科中一个独具特色的分支。

3. 气相色谱检测系统

气相色谱仪是由气流系统、分离系统、检测系统和数据处理系统所组成的。色谱检测系统由检测器、微电流放大器、记录器等部件构成。组分从柱后流出后进入检测器中检测并产生信号，这些信号（通常要经过放大）送入记录仪或数据处理系统中进行谱图记录及数据处理。

任何一个检测器从根本上讲都可以看作是一个传感器（Transducer 或 Sensor）。各种检测器的共性是根据物质的物理性质或化学性质，将组分的浓度（或质量）的变化情况转化为易于测量的电压、电流讯号，而这些讯号在一定范围内必须与该物质的量成一定的比例关系。

（1）热导池检测器（Thermal conductivity detector，TCD）　TCD 由于结构简单，灵敏度适宜，稳定性较好，线性范围较宽，适用于无机气体和有机物，它既可做常量分析，也可做微量分析，最小检测量为 $\mu g/mL$ 级，操作也比较简单，因而它是目前应用相当广泛的一种检测器。

（2）氢火焰离子化检测器（Flame ionization detector，FID）　FID 是目前国内外气相色谱仪的必备检测器，是微量有机物色谱分析的主要检测器，它的主要特点是灵敏度高，基流小，最小检测量为 ng/mL 级，响应快，线性范围宽，对操作条件的要求不甚严格（如载气流速，检测器温度等），操作比较简单、稳定、可靠，因此它是目前最常用的检测器。

（3）电子捕获检测器（Electron capture detector，ECD）　ECD 是目前气相色谱中常用的一种高灵敏度、高选择性的检测器。它只对电负性（亲电子）物质有信号，样品电负性越强，所给出的信号越大，而对非电负性物质则没有响应或响应很小。

电子捕获检测器对卤化物，含磷、硫、氧的化合物，硝基化合物，金属有机物，金属螯合物，甾醇类化合物，多环芳烃和共轭羰基化合物等电负性物质都有很高的灵敏度，其检出限量可达 $0.1 \sim 1.0 ng/mL$。所以电子捕获检测器在环境监测、农药残留、食品卫生、医学、生物和有机合成等领域，都已成为一种重要的检测工具。

（4）热离子检测器（Thermionic detector，TID）　TID 是专门测定有机氮和有机磷的选择性检测器，故又称氮磷检测器（Nitrogen phosphorus detector，NPD），对氮、磷化合物有高选择性响应，利用 TID 还可以测定有机砷、硒、铝、锡等化合物。目前 TID 主要用于含氮、含磷农药的残留检测。

（5）火焰光度检测器（Flame photometric detector，FPD）　FPD 是一种高选择性和高灵敏度的新型检测器。它对含硫、含磷化合物的检测灵敏度很高，目前主要用于环境科学和生物化学等领域中，它可检测含磷含硫有机化合物（农药），以及气体硫化物，如甲基对硫磷，马拉硫磷，CH_3SH，CH_3SCH_3，SO_2，H_2S 等，稍加改变还可以测有机汞、有机卤化物、氯化物、硼烷以及一些金属螯合物等。

4. 色谱定性分析

色谱定性分析就是确定各色谱峰代表的化合物。由于能用色谱分析的物质很多，不同组分在同一柱上出峰时间可能相同，单凭色谱峰确定物质有一定困难。对于一个未知样品，首选要了解其来源、性质、分析目的，对样品有初步估计，再结合定性方法确定色谱峰代表的物质。下面介绍几种常用的定性方法。

（1）保留值法　在一定的固定相和操作条件（如柱温、柱长、内径、载气流速等）下，任何一种组分都有确定的保留值。因而在一定条件下测定各色谱峰的保留值，与纯样品的保留值比较就可以确定样品中有哪些组分。

该方法的缺点是柱长、柱温、固定液配比及载气流速等因素，都会对保留值产生较大的影响，故必需严格控制操作条件。

（2）相对保留值法　对于一些组成比较简单的已知范围的混合物或无已知物时，可选定一基准物按文献报道的色谱条件进行实验，计算两组分的相对保留值，并与文献值比较，若二者相同，则可认为是同一物质。可选用易于得到的纯品，且以与被分析组分的保留值相近的物质作为基准物。

（3）加入已知物增加峰高法　当未知物中组分较多，所得色谱峰较密时，用上述方法不易辨认。可首先作出已知样品的色谱图，然后在未知样品中加入某种已知物，又得一色谱图。比较两谱图，峰高增加的组分，即是该已知物。

（4）保留指数法　保留指数又称 Kovats 指数，与其他保留数据相比，是一种重现性较好的定性参数。

保留指数是将正构烷烃作为标准物，把一个组分的保留行为换算成相当于含有几个碳的正构烷烃的保留行为进行描述，这个相对指数称保留指数。

在有关文献给定的操作条件下，将选定的标准和待测组分混合后进行色谱实验（要求被测组分的保留值在两个相邻的正构烷烃的保留值之间），计算待测组分的保留指数，再与文献值对照，即可定性。

5. 定量分析

气相色谱定量分析的依据是在一定操作条件下分析组分的量（质量或浓度）与检测器的响应信号（峰面积或峰高）成正比。

$$m_i = f_i \cdot A_i$$

式中　m_i——组分 i 的质量（或浓度）

　　　f_i——组分 i 的校正因子

　　　A_i——组分 i 的峰面积

定量分析需要准确测量峰面积，求出定量校正因子，选择合适的定量方法。

色谱定量分析是基于被测物质的量与其峰面积的正比关系。但是，由于同一检测器对不同的物质具有不同的灵敏度，所以两相等量的物质得出的峰面积往往不相等，也就是说在混合物中物质的含量并不等于该物质峰面积的百分数。为了解决这一问题，可选定一种物质为标准，用校正因子把其他物质的峰面积校正成相对于这个标准物质的峰面积，然后用这种经过校正的峰面积来计算物质的含量。定量方法有以下 3 种。

（1）归一化法　样品中所有组分都能流出色谱柱，并在色谱图上都有相应的峰时，可用此法。

设样品中有 n 个组分，各组分的量分别为 m_1，m_2，…，m_i，…，m_n，则组分 i 含量为：

$$x_i = \frac{m_i}{m_1 + m_2 + \cdots + m_i + \cdots + m_n} \times 100\% = \frac{f_i \cdot A_i}{f_1 \cdot A_1 + f_2 \cdot A_2 + \cdots + f_i \cdot A_i + \cdots + f_n \cdot A_n} \times 100\%$$

式中　m_i——组分 i 的质量（或浓度）

A_i——组分 i 的峰面积

f_i——组分 i 的相对校正因子

m_n——组分 n 的质量（或浓度）

A_n——组分 n 的峰面积

x_i——组分 i 的摩尔分数或体积分数（气体）

该法简单、准确，即使进样量不准确，对结果也无影响，操作条件的变化对结果影响也较小。但如果样品中组分不能全部出峰，则不能应用此法。

（2）内标法　当样品中所有组分不能全部出峰，或只要求测定样品中某些组分时，可用内标法。

内标法是称取一定质量的纯物质（内标物）加入已知质量的样品中。由内标物与样品的质量及内标物与组分的峰面积，求出组分的含量。

由于　　　　　$\dfrac{m_i}{m_s} = \dfrac{f_i \cdot A_i}{f_s \cdot A_s}$，$m_i = \dfrac{f_i \cdot A_i \cdot m_s}{f_s \cdot A_s}$，$x_i = \dfrac{m_i}{M} \times 100\%$

所以　　　　　　　　　$x_i = \dfrac{f_i \cdot A_i \cdot m_s}{f_s \cdot A_s \cdot M} \times 100\%$

式中　m_i——组分 i 在 M_g 样品中的质量（或浓度）

A_i——组分 i 的峰面积

f_i——组分 i 的相对校正因子

m_s——内标物质量

M——样品质量

A_s——内标物的峰面积

f_s——内标物的校正因子

x_i——组分 i 的摩尔分数或体积分数（气体）

因为以内标物为参比标准，故 $f_s = 1$。

该法的优点是定量准确。因为该法是用待测组分和内标物的峰面积的相对值进行计算，所以不要求严格控制进样量和操作条件，试样中含有不出峰的组分时也能使用，但每次分析都要准确称取或量取试样和内标物的量，比较费时。为了减少称量和测定校正因子可采用内标标准曲线法。

（3）外标法（标准曲线法） 外标法是用纯物质配制成不同浓度的标准样品，在一定操作条件下进样，测得峰面积，以浓度对峰面积（峰高）作图。进行样品分析时，严格控制在与标准物相同的条件下的进样定量。由所得峰面积，从标准曲线上查出该组分的含量。外标法操作简便，不需要测定校正因子，计算简单，适用于工业控制分析。但需严格控制操作条件和进样量才能得到准确的结果。

四、高效液相色谱分析

高效液相色谱法（High performance liquid chromatography，HPLC）又称高压液相色谱、高速液相色谱、高分离度液相色谱、近代柱色谱等，是色谱法的一个重要分支，以液体为流动相，采用高压输液系统，将具有不同极性的单一溶剂或不同比例的混合溶剂、缓冲液等流动相泵入装有固定相的色谱柱，在柱内各成分被分离后，进入检测器进行检测，从而实现对试样的分析。注入的供试品，由流动相带入色谱柱内，各组分在柱内被分离，并进入检测器检测，由积分仪或数据处理系统记录和处理色谱信号。该方法已成为化学、医学、工业、农业、商检和法检等领域中重要的分离分析技术。

1. 原理

高效液相色谱法是以高压下的液体为流动相，并采用颗粒极细的高效固定相的柱色谱分离技术。高效液相色谱对样品的适用性广，不受分析对象挥发性和热稳定性的限制，因而弥补了气相色谱法的不足。在目前已知的有机化合物中，可用气相色谱分析的约占20%，而其余约80%则需用高效液相色谱来分析。

高效液相色谱和气相色谱在基本理论方面没有显著不同，它们之间的重大差别在于作为流动相的液体与气体之间的性质的差别。高效液相色谱仪由高压输液系统、进样系统、分离系统、检测系统和数据处理系统组成，如图4所示。

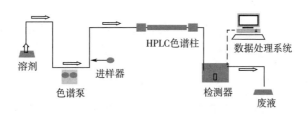

图4　高效液相色谱仪的组成

（1）高效液相色谱分析的流程　由泵将贮液瓶中的溶剂吸入色谱系统，然后输出，经流量与压力测量之后，导入进样器。被测物则由进样器注入，并随流动相通过色谱柱，在柱上进行分离后进入检测器，检测信号由数据处理设备采集与处理，并记录色谱图。废液流入废液瓶。遇到复杂的混合物分离（极性范围比较宽）还可用梯度控制器做梯度洗脱。这和气相色谱的程序升温类似，不同的是气相色谱改变温度，而HPLC改变的是流动相极性，使样品各组分在最佳条件下得以分离。

（2）高效液相色谱的分离过程　同其他色谱过程一样，HPLC也是溶质在固定相和流动相之间进行的一种连续多次交换过程。它借溶质在两相间分配系数、亲和力、吸附力或分子大小不同而引起的排阻作用的差别使不同溶质得以分离。

开始样品加在柱头上，假设样品中含有3个组分，A、B和C，随流动相一起进入色谱柱，开始在固定相和流动相之间进行分配。分配系数小的组分A不易被固定相阻留，较早地流出色谱柱。分配系数大的组分C在固定相上滞留时间长，较晚流出色谱柱。组分B的分配系数介于A和C之间，第二个流出色谱柱。若一个含有多个组分的混合物进入系统，则混合物中各组分按其在两相间分配系数的不同先后流出色谱柱，达到分离的目的。

不同组分在色谱过程中的分离情况，首先取决于各组分在两相间的分配系数、吸附能力、亲和力等是否有差异，这是热力学平衡问题，也是分离的首要条件。其次，当不同组分在色谱柱中运动时，谱带随柱长展宽，分离情况与两相之间的扩散系数、固定相粒度的大小、柱的填充情况以及流动相的流速等有关。所以分离最终效果则是热力学与动力学两方面的综合效应。

（3）高效液相色谱的分类

①液-固色谱法：液-固色谱法（液-固吸附色谱法）的固定相是固体吸附

剂，它是根据物质在固定相上的吸附作用不同来进行分配的，液-固色谱法常用于分离极性不同的化合物、含有不同类型或数量官能团的有机化合物，以及有机化合物的不同异构体，但不宜用于分离同系物。

②液-液色谱法：液-液色谱法（液-液分配色谱法）将液体固定液涂渍在担体上作为固定相，既能分离极性化合物，又能分离非极性化合物。

③离子交换色谱法：离子交换色谱法是基于离子交换树脂上可电离的离子与流动相中具有相同电荷的被测离子进行可逆交换，由于被测离子在交换剂上具有不同的亲和力而被分离，主要用来分离离子或可离解的化合物，凡是在流动相中能够电离的物质都可以用该法进行分离。

④凝胶色谱法：凝胶是一种多孔性的高分子聚合体，表面布满孔隙，能被流动相浸润，吸附性很小。凝胶色谱法是根据分子的体积大小和形状不同而达到分离的目的。适宜于分离相对分子质量大的化合物，保留时间短，色谱峰窄，容易检测，但是不能分辨分子大小相近的化合物，需相对分子质量相差需在10%以上才能分离。

2. 对仪器的一般要求和色谱条件

（1）色谱柱

①反相色谱柱：以键合非极性基团的载体为填充剂填充而成的色谱柱。常见的载体有硅胶、聚合物复合硅胶和聚合物等；常用的填充剂有十八烷基硅烷键合硅胶、辛基硅烷键合硅胶和苯基键合硅胶等。

②正相色谱柱：用硅胶填充剂，或键合极性基团的硅胶填充而成的色谱柱。常见的填充剂有硅胶、氨基键合硅胶和氰基键合硅胶等。氨基键合硅胶和氰基键合硅胶也可用作反相色谱柱的填充剂。

③离子交换色谱柱：用离子交换填充剂填充而成的色谱柱，有阳离子交换色谱柱和阴离子交换色谱柱。

④手性分离色谱柱：用手性填充剂填充而成的色谱柱。

（2）检测器　最常用的检测器为紫外-可见分光检测器，包括二极管阵列检测器，其他常见的检测器有荧光检测器、蒸发光散射检测器、示差折光检测器、电化学检测器和质谱检测器等。

（3）流动相　反相色谱系统的流动相常用甲醇-水系统和乙腈-水系统，用紫外末端波长检测时，宜选用乙腈-水系统，流动相中应尽可能不用缓冲盐，如需用时，应尽可能使用低浓度缓冲盐。

用十八烷基硅烷键合硅胶色谱柱时，流动相中有机溶剂一般不低于 5%，否则会导致柱效下降、色谱系统不稳定。

正相色谱系统的流动相常用两种或两种以上的有机溶剂，如二氯甲烷和正己烷等。

3. 系统适用性试验

色谱系统的适用性试验通常包括理论板数、分离度、灵敏度、拖尾因子和重复性五个参数。

（1）色谱柱的理论板数（n） 理论板数用于评价色谱柱的分离效能。在规定的色谱条件下，注入供试品溶液或各品种项下规定的内标物质溶液，记录色谱图，量出供试品主成分色谱峰或内标物质色谱峰的保留时间 t_R 和峰宽（W）或半高峰宽（$W_{h/2}$），按 $n = 16 (t_R/W)^2$ 或 $n = 5.54 (t_R/W_{h/2})^2$ 计算色谱柱的理论板数。t_R、W、$W_{h/2}$ 可用时间或长度计（下同），但应取相同单位。

（2）分离度（R） 分离度用于评价待测物质与被分离物质之间的分离程度，是衡量色谱系统分离效能的关键指标。无论是定性鉴别还是定量测定，均要求待测物质色谱峰与内标物质色谱峰或特定的杂质对照色谱峰及其他色谱峰之间有较好的分离度。分离度（R）的计算公式如下：

$$R = \frac{2(t_{R2} - t_{R1})}{W_1 + W_2} \text{ 或 } R = \frac{2(t_{R2} - t_{R1})}{1.70(W_{1,h/2} + W_{2,h/2})}$$

式中　t_{R2}——相邻两色谱峰中后一峰的保留时间

　　　t_{R1}——相邻两色谱峰中前一峰的保留时间

W_1、W_2 和 $W_{1,h/2}$、$W_{2,h/2}$——相邻两色谱峰的峰宽及半高峰宽

当对测定结果有异议时，色谱柱的理论板数（n）和分离度（R）均以峰宽（W）的计算结果为准。

（3）灵敏度 灵敏度用于评价色谱系统检测微量物质的能力，通常以信噪比来表示。通过测定一系列不同浓度的供试品或对照品溶液测定信噪比。定量测定时，信噪比应不小于 10；定性测定时，信噪比应不小于 3。系统适用性试验中可以设置灵敏度实验溶液来评价色谱系统的检测能力。

（4）拖尾因子（T） 拖尾因子用于评价色谱峰的对称性，计算公式如下：

$$T = \frac{W_{0.05h}}{2d_1}$$

式中　$W_{0.05h}$——5%峰高处的峰宽

　　　d_1——峰顶在 5%峰高处横坐标平行线的投影点至峰前沿与此平行线交点的距离

以峰高作定量参数时，除另有规定外，T 值应在 0.95~1.05。

以峰面积作定量参数时，一般的峰拖尾或前伸不会影响峰面积积分，但严重拖尾会影响基线和色谱峰起止的判断和峰面积积分的准确性，此时应在各品种正文项下对拖尾因子做出规定。

（5）重复性　用于评价连续进样时色谱系统响应值的重复性能。采用外标法时，通常取各品种项下的对照品溶液，连续进样 5 次，除另有规定外，其峰面积测量值的相对标准偏差应不大于 2.0%；采用内标法时，通常配制相当于 80%、100%和 120%的对照品溶液，加入规定量的内标溶液，配成 3 种不同浓度的溶液，分别至少进样 2 次，计算平均校正因子，其相对标准偏差应不大于 2.0%。

4. 测定方法

（1）内标法　按各品种正文项下的规定，精密称（量）取对照品和内标物质，分别配成溶液，精密量取适量，混合配成校正因子测定用的对照溶液。取一定量进样，记录色谱图。

测量对照品和内标物质的峰面积或峰高，按下式计算校正因子（f）：

$$f = \frac{A_s/c_s}{A_R/c_R}$$

式中　A_s——内标物质的峰面积或峰高

　　　A_R——对照品的峰面积或峰高

　　　c_s——内标物质的浓度

　　　c_R——对照品的浓度

再取各品种项下含有内标物质的供试品溶液，进样，记录色谱图，测量供试品中待测成分和内标物质的峰面积或峰高，按下式计算含量：

$$c_x = f \cdot \frac{A_x}{A'_s/c'_s}$$

式中　A_x——供试品的峰面积或峰高

　　　c_x——供试品的浓度

A'_s——内标物质的峰面积或峰高

c'_s——内标物质的浓度

f——内标法校正因子

采用内标法，可避免因供试品前处理及进样体积误差对测定结果的影响。

（2）外标法　按各品种项下的规定，精密称（量）取对照品和供试品，配制成溶液，分别精密取一定量，进样，记录色谱图，测量对照品溶液和供试品溶液中待测物质的峰面积（或峰高），按下式计算含量：

$$c_x = c_R \times \frac{A_x}{A_R}$$

式中　c_x——供试品浓度

A_x——供试品的峰面积或峰高

A_R——对照品的峰面积或峰高

c_R——对照品的浓度

由于微量注射器不易精确控制进样量，当采用外标法测定时，以手动进样器定量环或自动进样器进样为宜。

（3）加校正因子的主成分自身对照法　测定杂质含量时，可采用加校正因子的主成分自身对照法。

在建立方法时，按各品种项下的规定，精密称（量）取待测物质对照品和参比物质对照品各适量，配制待测物校正因子的溶液，进样，记录色谱图，按下式计算待测物的校正因子：

$$校正因子 = \frac{c_A/A_A}{c_B/A_B}$$

式中　c_A——待测物的浓度

A_A——待测物的峰面积或峰高

c_B——参比物质的浓度

A_B——参比物质的峰面积或峰高

也可精密称量（取）主成分对照品和杂质对照品各适量，分别配制成不同浓度的溶液，进样，记录色谱图，绘制主成分浓度和杂质浓度对其峰面积的回归曲线，以主成分回归直线斜率与杂质回归直线斜率的比计算校正因子。

校正因子可直接载入各品种项下，用于校正杂质的实测峰面积。需作校正计算的杂质，通常以主成分为参比，采用相对保留时间定位，其数值一并载入各品种项下。

测定杂质含量时，按各品种项下规定的杂质限度，将供试品溶液稀释成与杂质限度相当的溶液，作为对照溶液，进样，记录色谱图，必要时，调节纵坐标范围（以噪声水平可接受为限）使对照溶液的主成分色谱峰的峰高达满量程的 10%~25%。

除另有规定外，通常含量低于 0.5% 的杂质，峰面积的相对标准偏差（RSD）应小于 10%；含量在 0.5%~2% 的杂质，峰面积的 RSD 应小于 5%；含量大于 2% 的杂质，峰面积的 RSD 应小于 2%。

然后，取供试品溶液和对照品溶液适量，分别进样，除另有规定外，供试品溶液的记录时间，应为主成分色谱峰保留时间的 2 倍，测量供试品溶液色谱图上各杂质的峰面积，分别乘以相应的校正因子后与对照溶液主成分的峰面积比较，计算各杂质含量。

（4）不加校正因子的主成分自身对照法　测定杂质含量时，若无法获得待测物质的校正因子，或校正因子可以忽略，也可采用不加校正因子的主成分自身对照法。

同上述加校正因子的主成分自身对照法配制对照溶液、进样调节纵坐标范围和计算峰面积的相对标准偏差后，取供试品溶液和对照溶液适量，分别进样。

除另有规定外，供试品的记录时间应为主成分色谱峰保留时间的 2 倍，测量供试品溶液色谱图上各杂质的峰面积，并与对照溶液主成分的峰面积比较，依法计算杂质含量。

（5）面积归一化法　按各品种项下的规定，配制供试品溶液，取一定量进样，记录色谱图。测量各峰的面积和色谱图上除溶剂峰以外的总色谱峰面积，计算各峰面积占总峰面积的百分率。

用于杂质检查时，由于仪器响应的线性限制，峰面积归一化法一般不宜用于微量杂质的检查。

5. 特点

高效液相色谱法有"四高一广"的特点。

（1）高压　流动相为液体，流经色谱柱时，受到的阻力较大，为了能迅速通过色谱柱，必须对载液加高压。

（2）高速　分析速度快、载液流速快，较经典液体色谱法速度快得多，通常分析一个样品在 15~30min，有些样品甚至在 5min 内即可完成，一般小于 1h。

（3）高效　分离效能高。可选择固定相和流动相以达到最佳分离效果，比工业精馏塔和气相色谱的分离效能高出许多倍。

（4）高灵敏度　紫外检测器可达 0.01ng，进样量在 μL 数量级。

（5）应用范围广　70%以上的有机化合物可用高效液相色谱分析，特别是高沸点、大分子、强极性、热稳定性差的化合物的分离分析，显示出优势。

此外，高效液相色谱还有色谱柱可反复使用、样品不被破坏、易回收等优点，与气相色谱相比各有所长，可相互补充。

高效液相色谱也有缺点，例如"柱外效应"，从进样到检测器之间，除了柱子以外的任何死空间（进样器、柱接头、连接管和检测池等）中，如果流动相的流型有变化，被分离物质的任何扩散和滞留都会导致色谱峰显著加宽，柱效率降低，且高效液相色谱检测器的灵敏度不及气相色谱。

第 三 章

食品生物化学实验技术应用

一、酶促褐变的抑制

植物组织中常含有一元酚和邻二酚类物质，如桃、苹果中含有绿原酸，马铃薯中含有酪氨酸，香蕉含酚类衍生物 3,4-二羟基苯乙胺，均为多酚氧化酶的底物。这些酚类物质，在完整的细胞中作为呼吸作用中质子的传递物质，在酚-醌之间保持着动态平衡，因此，褐变不会发生。但在果蔬加工过程中，当组织细胞受损，氧气进入时，酚类物质将在多酚氧化酶的催化下氧化成为红色醌类物质，然后快速地通过聚合作用形成红褐色素或黑色素，影响食品色泽及风味。因此氧化酶类、酚类物质以及氧气是发生酶促褐变的必要条件，缺一不可。

酶促褐变的程度主要取决于酚类物质的含量，而氧化酶类的活性强弱似乎没有明显的影响，但去除食品中的酚类物质不现实，比较有效的方法是抑制氧化酶类的活性，防止酚类底物的氧化。常见控制酶促褐变的方法有热烫处理法、酸处理法、驱氧法等。热烫处理法，是利用短时高温破坏酶的结构，达到钝化酶乃至酶失活的目的；酸水解法，则是用降低 pH 的方法使酶失活，是果蔬加工过程最常用的一种方法；驱氧法是用真空方法将糖水、盐水渗入果蔬组织内部，驱除空气，或使用高浓度的除氧剂如抗坏血酸溶液浸泡以达到除氧的目的。

二、木瓜蛋白酶的提取及在食品工业中的应用

1. 木瓜蛋白酶（Papain）

木瓜蛋白酶又称木瓜酶，广泛存在于番木瓜的根、茎、叶和果实中，未成

熟果实的乳汁中含量最丰富，是一种含巯基（—SH）肽链的内切酶，其相对分子质量为23900。工业用的木瓜蛋白酶一般都是未经纯化的多酶体系。现已知经木瓜乳汁干燥而得的木瓜蛋白酶至少含有四种主要酶类：木瓜蛋白酶（Papain）、木瓜凝乳蛋白酶（Chymopapain）、木瓜蛋白酶 Ω（Papaya proteinase Ω）、木瓜凝乳蛋白酶 M（Chymopapain M），其中木瓜凝乳蛋白酶的含量最多，占可溶性蛋白的45%。

木瓜蛋白酶具有较强的蛋白水解和合成能力，还具有凝乳、解脂和溶菌活力，利用木瓜蛋白酶的酶促反应，可把大分子的蛋白质水解成容易消化吸收的小分子多肽或氨基酸，不仅可以用来改善植物蛋白的营养价值或功能性质，还广泛应用于食品行业，如啤酒的澄清、肉的嫩化以及制革、纺织和日化用品等行业中，同时也受到了医学界的极大关注和重视。

木瓜蛋白酶易溶于水和甘油，水溶液为无色或淡黄色，有时呈乳白色；几乎不溶于有机溶剂。它的最适 pH 为 5.7（一般 3~9.5 皆可），在中性或偏酸性时亦有作用；最适温度为 55~60℃（一般 10~85℃皆可），耐热性强，在 90℃时也不会完全失活；受氧化剂抑制，还原性物质激活。

2. 提取方法

根据木瓜蛋白酶的性质特点，目前生产中多采用超滤、絮凝、盐析、超声波等方法分离提取木瓜蛋白酶。实验室中主要采取有机溶剂沉淀法结合硫酸铵分级沉淀法提取番木瓜中的木瓜蛋白酶。

（1）有机溶剂沉淀法　有机溶剂能降低溶液的电解常数，从而增加蛋白质分子上不同电荷的引力，导致溶解度的降低。另外，有机溶剂与水的作用，能破坏蛋白质的水化膜，故可以利用蛋白质在一定浓度的有机溶剂中的溶解度差异进行分离。有机溶剂分段沉淀法常用于蛋白质或酶的提纯，使用的有机溶剂多为乙醇和丙酮。高浓度有机溶剂易引起蛋白质变性失活，操作必须在低温下进行，并在加入有机溶剂时注意搅拌均匀以避免局部浓度过大。

（2）硫酸铵分级沉淀法　硫酸铵沉淀法可用于从大量粗制剂中浓缩和部分纯化蛋白质。在蛋白质溶液中高浓度的盐离子可与蛋白质竞争水分子，从而破坏蛋白质表面的水化膜，降低其溶解度，使之从溶液中沉淀出来。各种蛋白质的溶解度不同，因而可利用不同浓度的盐溶液来沉淀不同的蛋白质，这种方法称盐析。盐析时溶液 pH 在木瓜蛋白酶等电点时（$pI = 8.75$）效果最好，盐浓度通常用饱和度来表示。硫酸铵因其溶解度大、温度系数小且不易使蛋白质变性而应用最广。

3. 酶活性及酶含量的测定

木瓜蛋白酶最适 pH 随底物而异，当以酪蛋白为底物时，酶的最适 pH 为 7。据此原理，以未成熟的木瓜果实为材料，从果皮中采集新鲜乳汁，利用木瓜蛋白酶在 pH7.2 的磷酸盐缓冲液中、35℃条件下水解酪蛋白产生酪氨酸，酪氨酸在 275nm 处有最大吸收峰，根据吸光度的大小反映酪氨酸的浓度，进而反映木瓜蛋白酶催化水解的反应速率，以此衡量该酶的活性。

考马斯亮蓝（G250）在酸性条件下能够与蛋白质结合，形成的络合物在 595nm 处具有最大吸光值，且吸光值的大小与蛋白质的含量成正比，故可用于酶含量的定量测定。

4. 木瓜蛋白酶在食品加工中的实际应用

在肉制品或蛋白质饮料中添加适量的木瓜蛋白酶，找出使肉制品嫩度达到最佳或者饮料蛋白质的溶解性达到最佳的最适添加量。

5. 技术路线（参考）

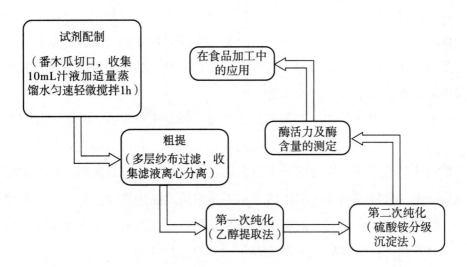

三、植物黄酮的提取和应用

生物类黄酮广泛分布于自然界，属于植物次级代谢产物，是多种具有类似结构和活性物质的总称，因多呈黄色而被称为生物类黄酮。植物中已发现的生物类黄酮多达 5000 余种。黄酮类化合物具有多方面的化学活性，例如清除自由基，抗氧化，抑制癌细胞生长，抗致癌因子，抗动脉硬化，抑制血栓，降低胆固醇，抗炎，抗过敏，抑菌，抗病毒等作用。黄酮类化合物也是许多中草药的有效成分之一，可用于治疗慢性支气管炎、冠心病、肝炎及淋巴结核等病。

依据不同植物组织中黄酮类化合物的不同理化特性，可以采用不同的工艺对其进行提取、分离和纯化，目前常用的制备、分离方法如下。

1. 水提法

水提法适于黄酮甙类物质提取。该法成本低、对环境及人类无毒害、设备简单，适合工业化大生产，但提取率低，提取物中杂质较多。

2. 碱性水或碱性稀醇提取法

黄酮类化合物大多具有酚羟基，易溶于碱水，酸化后又可沉淀析出。碱水提取法可以根据不同的原料使用不同碱性溶液。一般应注意酸、碱性不宜过强，以免强碱在加热时破坏黄酮，也防止在酸化时生成盐，使析出的黄酮又复分解，影响得率。

3. 醇提法

甲醇和乙醇是常用的生物类黄酮提取溶剂，高浓度的醇（如 90%～95%）适于提取苷元，60%左右浓度的醇适于提取苷类。

4. 有机溶剂提取法

根据黄酮类化合物与杂质极性不同来选择适合的有机溶剂进行提取，常用乙酸乙酯、丙酮、乙醇、甲醇、水或某些极性较大的混合溶剂，如甲醇与水体积比为 1∶1 进行提取。

5. CO_2 超临界流体提取法

CO_2 超临界流体提取法具有提取效率高，无溶剂残留，天然植物活性成分和热不稳定性成分不易被分解破坏等优点，同时还可以通过控制临界温度和压力的变化，达到选择性提取和分离纯化的目的，因此多年来在天然植物有效成分提取中得到了广泛应用。

6. 大孔树脂吸附法

大孔树脂是一类有机高分子聚合物吸附剂，它具有物化稳定性高、吸附选择性好、不受无机物存在的影响、再生简便、解吸条件温和、使用周期长、宜于构成闭路循环、节省费用等优点，广泛用于物质的分离纯化。

7. 酶解法

酶解法能够充分破坏以纤维素为主的细胞壁结构及细胞间相连的果胶，使植物中的果胶完全分解成小分子物质，减小提取的传质阻力，使植物中的黄酮类物质能够充分地释放出来。

8. 超声波提取法

超声波提取法是利用超声波空化作用加速植物有效成分浸出的提取。该法具有设备简单、操作方便、提取时间短、产率高、无需加热、有利于保护热不稳定成分、省时、节能、提取率高等优点。

四、植物中原花色素的提取、纯化与测定

原花色素（Proanthocyanidins）是一类黄烷醇单体及其聚合体的多酚化合物。其共同的特点是在酸性介质中加热均可产生花色素，故称原花色素。原花色素是植物中一种色素成分，广泛存在于各种植物中。原花色素具有很强的抗氧化作用，能清除人体内过剩的自由基，提高人的免疫力，可作为新型抗氧化剂用于医疗、食品等领域。

利用山楂中原花色素溶于水的特点，用热水抽提原花色素，再用大孔吸附树脂吸附，用60%的乙醇洗脱得到原花色素。以紫外分光光度法测定原花色素含量，在一定浓度范围内，原花色素的浓度与吸光度呈线性关系。可利用比色法测定原花色素含量。

五、酵母蔗糖酶的提取及其性质研究

自1860年Bertholet从酒酵母中发现了蔗糖酶以来，蔗糖酶已被广泛地进行了研究。蔗糖酶特异地催化非还原糖中的 α-呋喃果糖苷键水解，具有相对专一性，不仅能催化蔗糖水解生成葡萄糖和果糖，也能催化棉子糖水解，生成蜜二糖和果糖。

面包酵母中的蔗糖酶以两种形式存在于干酵母细胞膜的内外侧，在细胞膜外细胞壁中的称外蔗糖酶，其活力占蔗糖酶活力的大部分，是含有50%糖成

分的糖蛋白。在细胞膜内侧细胞质中的称内蔗糖酶，含有少量的蔗糖酶活力。两种酶的蛋白质部分均为双亚基二聚体，两种酶的氨基酸组成不同，外酶每个亚基比内酶多两个氨基酸，它们的相对分子质量也不同，外酶约为 27×10^4，内酶约为 13.5×10^4。尽管这两种酶在组成上有较大的差别，但其底物转移性和动力学性质仍十分相似，因此，实验中可不区分内酶和外酶，而且由于内酶含量很少，极难提取，实验提取纯化的主要是外酶。

干酵母用蒸馏水提取，通过测定生成还原糖的量或旋光法测定蔗糖水解速度。

蔗糖酶比活力即每毫克蔗糖酶蛋白所具有的酶活力，对同一种酶来说，酶的比活力越高，酶的纯度越高。

食品实验室安全与防护知识

1. 实验前认真预习实验内容，熟悉实验目的、原理和操作步骤，了解实验室常用仪器的使用方法。

2. 实验时自觉遵守课堂纪律，维护课堂秩序，不迟到，不早退。

3. 实验过程中听从教师的指导，严格按照操作规程进行实验，既要独立操作也要与同学协同配合。

4. 实验结果和数据应及时、如实地记录在实验记录本上，文字简练、准确。实验结束后需根据实验记录完成实验报告并按时上交。

5. 药品、试剂应节约使用，实验过程中要爱护仪器，严格遵守操作规程。若有损坏或遗失，需如实向指导教师说明原因，登记补领。

6. 实验室内严禁吸烟。加热用的电炉和酒精灯应随用随关，严格做到人在炉火在，人走炉火关。乙醇、丙酮、乙醚等易燃溶剂不能直接加热，并要远离火源操作和放置。

7. 实验废液的处理方式需咨询指导教师，不可随意倾倒。强酸、强碱溶液必须先用水稀释，固体废物倒入废品缸内，不可随意倒入水槽或到处乱扔。

8. 实验室内一切物品，未经实验室负责教师批准，严禁带出室外，借物必须办理登记手续。

9. 实验台面应随时保持整洁，仪器、药品摆放整齐。公用试剂用完后，应立即盖严放回原处。勿将试剂、药品洒在实验台面和地上。

10. 实验完毕后，实验电器应立即断电，仪器洗净归还。实验台面擦拭干净，经负责教师检查同意，方可离开实验室。值日生负责实验室的打扫，检查水电，防止发生安全事故。

食品实验室常用标准液的配制与标定（参考 GB/T 601—2016）

一、NaOH 标准溶液的配制与标定

1. 配制

称取 110g NaOH，溶于 100mL 无 CO_2 的水中，摇匀，注入聚乙烯容器中，密闭放置至溶液清亮。用塑料管吸取如下所示规定体积的上层清液，注入用无 CO_2 的水稀释至 1000mL，摇匀。

NaOH 标准溶液浓度/（mol/L）	NaOH 饱和溶液体积/mL
1	54
0.5	27
0.1	5.4

2. 标定

称取如下所示规定量的于 105～110℃ 电烘箱烘至恒重的工作基准试剂邻苯二甲酸氢钾，称准至 0.0001g，溶于下列规定体积的无 CO_2 的水中，加 2 滴酚酞指示液（10g/L），用配制好的 NaOH 标准溶液滴定至溶液呈粉红色并保持 30s，同时做空白实验。

NaOH 标准溶液浓度/（mol/L）	基准邻苯二甲酸氢钾质量/g	无 CO_2 水体积/mL
1	7.5	80
0.5	3.6	80
0.1	0.75	50

3. 计算

NaOH 标准溶液浓度计算如下：

$$c_{NaOH} = \frac{M}{(V - V_0) \times 0.2042}$$

式中　c_{NaOH}——NaOH 标准溶液的浓度，mol/L

　　　　V——消耗 NaOH 标准溶液的体积，mL

　　　　V_0——空白实验消耗 NaOH 标准溶液的体积，mL

　　　　M——邻苯二甲酸氢钾的质量，g

　　0.2042 ——邻苯二甲酸氢钾的摩尔质量，kg/mol

二、HCl 标准溶液的配制和标定

1. 配制

量取如下所示规定体积的浓 HCl，注入 1000mL 水中，摇匀。

HCl 标准溶液浓度/(mol/L)	浓 HCl 体积/mL
1	90
0.5	45
0.1	9

2. 标定

称取如下所示规定量的于 270~300℃ 灼烧至质量恒定的基准无水碳酸钠，称准至 0.0001g。溶于 50mL 水中，加 10 滴溴甲酚绿-甲基红混合指示液，用配制好的 HCl 标准溶液滴定至溶液由绿色变为紫红色，再煮沸 2min，冷却后，继续滴定至溶液呈暗紫色，同时做空白实验。

HCl 标准溶液浓度/（mol/L）	基准无水碳酸钠质量/g	无 CO_2 水体积/mL
1	1.9	50
0.5	0.95	50
0.1	0.2	50

3. 计算

HCl 标准溶液浓度计算如下：

$$c_{HCl} = \frac{M}{(V-V_0) \times 0.0530}$$

式中　c_{HCl}——HCl 标准溶液的浓度，mol/L

　　　M——无水碳酸钠的质量，g

　　　V——HCl 标准溶液的用量，mL

　　　V_0——空白实验 HCl 标准溶液的用量，mL

　0.0530——无水碳酸钠的摩尔质量，kg/mol

溴甲酚绿–甲基红混合指示剂：三份 2g/L 的溴甲酚绿乙醇溶液与二份 1g/L 的甲基红乙醇溶液混合。

三、H_2SO_4 标准溶液的配制和标定

1. 配制

量取如下所示规定体积的浓 H_2SO_4，缓缓注入 1000 mL 水中，冷却，摇匀。

H_2SO_4标准溶液浓度/（mol/L）	浓 H_2SO_4体积/mL
1	30
0.5	15
0.1	3

2. 标定

称取如下所示规定量的于 270~300℃灼烧至恒定的基准无水碳酸钠，精确至 0.0001g。溶于 50 mL 水中，加 10 滴溴甲酚绿–甲基红混合指示液，用配制好的 H_2SO_4 标准溶液滴定溶液由绿色变为暗红色，煮沸 2min，冷却后继续滴定至溶液再呈暗红色，同时做空白实验。

H_2SO_4标准溶液浓度/（mol/L）	基准无水碳酸钠质量/g	无 CO_2水体积/mL
1	1.9	50
0.5	0.95	50
0.1	0.2	50

3. 计算

H_2SO_4 标准溶液浓度计算如下：

$$c_{\frac{1}{2}H_2SO_4} = \frac{M}{(V - V_0) \times 0.0530}$$

式中　$c_{\frac{1}{2}H_2SO_4}$——H_2SO_4 标准溶液的浓度，mol/L

　　　M——无水碳酸钠的质量，g

　　　V——H_2SO_4 标准溶液的用量，mL

　　　V_0——空白实验 H_2SO_4 标准溶液的用量，mL

　0.0530——无水碳酸钠的摩尔质量，kg/mol

四、硝酸银标准溶液（0.1mol/L）的配制和标定（电位法滴定）

1. 配制

（1）硝酸银标准溶液　称取 17.5g 硝酸银，溶于 1000mL 水中，摇匀，溶液保存于密闭的棕色瓶中。

（2）淀粉指示液　称取 0.5g 可溶性淀粉，加入约 5mL 水，搅匀后缓缓倾入 100mL 沸水中，随加随搅拌，煮沸 2min，放冷，备用。此指示液应临用时配制。

（3）荧光黄指示液　称取 0.5g 荧光黄，用乙醇溶解并稀释至 100mL。

2. 标定

称取 0.2g 于 270℃ 干燥至质量恒定的基准氯化钠，称准至 0.0001g，溶于 50mL 水中使之溶解，加入 5mL 淀粉指示液，边摇动边用硝酸银标准溶液滴定，避光滴定，近终点时，加入 3 滴荧光黄指示液，继续滴定混浊液由黄色变为粉红色，同时做空白实验。

3. 计算

硝酸银标准溶液浓度计算如下：

$$c_{AgNO_3} = \frac{M}{(V - V_0) \times 0.05844}$$

式中　c_{AgNO_3}——硝酸银标准溶液的浓度，mol/L

　　　M——氯化钠的质量，g

　　　V——硝酸银标准溶液的用量，mL

　　　V_0——空白试验消耗硝酸银标准溶液的量，mL

　0.05844——氯化钠的摩尔质量，kg/mol

五、Na_2CO_3 标准溶液的配制和标定

1. 配制

称取如下所示规定质量无水 Na_2CO_3，溶于 1000mL 水中，摇匀。

Na_2CO_3 标准溶液浓度/（mol/L）	无水 Na_2CO_3 质量/g
1	53
0.1	5.3

2. 标定

量取 35.00～40.00mL 配制好的 Na_2CO_3 标准溶液，加如下所示规定体积的水，加 10 滴溴甲酚绿–甲基红混合指示液，用如下所示规定的相应浓度的 HCl 标准溶液滴定至溶液由绿色变为暗红色，煮沸 2min，冷却后继续滴定至溶液再呈暗红色，同时做空白实验。

Na_2CO_3 标准溶液浓度/（mol/L）	无 CO_2 水体积/mL	HCl 标准溶液浓度/（mol/L）
1	50	1
0.1	20	0.1

3. 计算

Na_2CO_3 标准溶液浓度计算如下：

$$c_{\frac{1}{2}Na_2CO_3} = \frac{(V_1 - V_2)}{V} \times c_1$$

式中　$c_{\frac{1}{2}Na_2CO_3}$——Na_2CO_3 标准溶液的浓度，mol/L

V_1——HCl 标准溶液的用量，mL

V_2——空白实验消耗的 HCl 标准溶液的用量，mL

c_1——HCl 标准溶液的浓度，mol/L

V——Na_2CO_3 标准溶液的体积，mL

六、高锰酸钾标准溶液（0.1mol/L）的配制和标定

1. 配制

称取 3.3g 高锰酸钾，加 1000mL 水，缓缓煮沸 15min，于暗处放置 2 周，用玻璃砂芯漏斗过滤，置于具玻璃塞的棕色瓶中密塞保存。

2. 标定

准确称取 0.25g 在 110℃ 干燥至恒重的基准草酸钠，溶于 100mL 的硫酸溶液（硫酸与水的体积比为 8∶92）中，用配制的高锰酸钾标准溶液滴定，近终点时加热至 65℃，继续用高锰酸钾标准溶液滴定至溶液呈微红色，并保持 0.5min 不褪色。在滴定终了时，溶液温度应不低于 55℃，同时做空白实验。

3. 计算

高锰酸钾标准溶液浓度计算如下：

$$c_{\frac{1}{5}KMnO_4} = \frac{M}{(V_1 - V_0) \times 0.0670}$$

式中　$c_{\frac{1}{5}KMnO_4}$——高锰酸钾标准溶液的浓度，mol/L

$\quad\quad M$——草酸钠的质量，g

$\quad\quad V_1$——高锰酸钾标准溶液的用量，mL

$\quad\quad V_0$——空白实验高锰酸钾标准溶液的用量，mL

$\quad$ 0.0670——草酸钠的摩尔质量，kg/mol

七、氯化钠标准溶液（0.1mol/L）的配制和标定

1. 方法一

（1）配制　称取 5.9g 氯化钠，溶于 1000mL 水中，摇匀。

（2）标定　按 GB/T 9725—2007 量取 35.00~40.00mL 配制好的氯化钠标准溶液，加 40mL 水、10mL 淀粉溶液（10g /L），以 216 型银电极作指示电极，217 型双盐桥饱和甘汞电极作参比电极，用硝酸银标准溶液 $[c_{AgNO_3} = 0.1mol/L]$ 滴定，并按 GB/T 9725—2007 中 6.2.2 条的规定计算硝酸银标准溶液的用量。

（3）计算　氯化钠标准溶液浓度计算：

$$c_{NaCl} = \frac{V_0 c_1}{V}$$

式中　c_{NaCl}——氯化钠标准溶液的浓度，mol/L

　　　V_0——硝酸银标准溶液的用量，mL

　　　c_1——硝酸银标准溶液的浓度，mol/L

　　　V——氯化钠标准溶液的体积，mL

2. 方法二

（1）配制　称取 5.84g±0.30g 已于 550℃±50℃ 的高温炉中灼烧至质量恒定的工作基准氯化钠，溶于水，移入 1000mL 容量瓶中，稀释至刻度。

（2）计算　氯化钠标准溶液浓度计算如下：

$$c_{NaCl} = \frac{M \times 1000}{V \times 58.442}$$

式中　c_{NaCl}——氯化钠标准溶液的浓度，mol/L

　　　M——氯化钠的质量，g

　　　V——配制氯化钠标准溶液的准确体积，mL

　　58.442——氯化钠的摩尔质量，g/mol

八、硫代硫酸钠标准溶液（0.1mol/L）的配制和标定

1. 配制

称取 26g 硫代硫酸钠（$Na_2S_2O_3 \cdot 5H_2O$）或 16g 无水硫代硫酸钠，0.2g 无水碳酸钠，溶于 1000mL 水中缓缓煮沸 10min，冷却，放置两周后过滤备用。

2. 标定

准确称取 0.18g 在 120℃ 干燥至恒量的基准重铬酸钾，置于碘量瓶中，加入 25mL 水使之溶解。加入 2g 碘化钾及 20mL 硫酸溶液（20%），摇匀，放置暗处 10min 后用 150mL 水稀释。用硫代硫酸钠溶液滴定至溶液呈浅黄绿色，再加 2mL 淀粉指示剂（10g/L，此指示剂应临用前配制），继续滴定至溶液由蓝色消失而显亮绿色。反应液及稀释用水的温度不应超过 20℃，同时做空白实验。

3. 计算

硫代硫酸钠标准溶液浓度计算如下：

$$c_{Na_2S_2O_3} = \frac{M}{(V_1 - V_0) \times 0.04903}$$

式中　$c_{Na_2S_2O_3}$——硫代硫酸钠标准溶液的浓度，mol/L

　　　　M——重铬酸钾的质量，g

　　　　V_1——硫代硫酸钠标准溶液的用量，mL

　　　　V_0——空白实验用硫代硫酸钠标准溶液的用量，mL

　　　0.04903——重铬酸钾的摩尔质量，kg/mol

九、硫酸亚铁铵标准溶液（0.1mol/L）的配制和标定

1. 配制

称取40g硫酸亚铁铵 $[(NH_4)_2 \cdot Fe(SO_4)_2 \cdot 6H_2O]$，溶于300mL硫酸溶液（20%）中，加700mL水，摇匀。

2. 标定

量取35.00~40.00mL配制好的硫酸亚铁铵溶液，加25mL无氧的水，用高锰酸钾标准溶液 $[c_{\frac{1}{5}KMnO_4} = 0.1mol/L]$ 滴定至溶液呈粉红色，并保持30s，临用前标定。

3. 计算

硫酸亚铁铵标准溶液浓度计算如下：

$$c_{(NH_4)_2 \cdot Fe(SO_4)_2} = \frac{V_1 c_1}{V}$$

式中　$c_{(NH_4)_2 \cdot Fe(SO_4)_2}$——硫酸亚铁铵标准溶液的浓度，mol/L

　　　　　V——取硫酸亚铁铵标准溶液的体积，mL

　　　　　V_1——高锰酸钾标准溶液的体积，mL

　　　　　c_1——高锰酸钾标准溶液的浓度，mol/L

十、乙二胺四乙酸二钠（EDTA-2Na）标准溶液的配制和标定

1. 方法一

（1）配制

①乙二胺四乙酸二钠（$C_{10}H_{14}N_2O_8Na_2 \cdot 2H_2O$，简称 EDTA-2Na）标准溶液：称取下列规定质量的 EDTA-2Na 溶于 1000mL 水中，加热溶解，冷却，摇匀。

EDTA-2Na 标准溶液浓度/（mol/L）	EDTA-2Na 质量/g
0.1	40
0.05	20
0.02	8

②氨水-氯化铵缓冲液（pH≈10）：称取 5.4g 氯化铵，加适量水溶解后，加入 35mL 氨水，再加水稀释至 100mL。

③氨水：量取 40mL 氨水，加水稀释至 100mL。

④铬黑 T 指示剂：称取 0.1g 铬黑 T，加入 10g 氯化钠，研磨混合。

（2）标定　准确称取 0.42g 在 800℃灼烧至恒量的基准氧化锌，置于小烧杯中用少量水湿润，加 2mL 盐酸溶液（20%），溶解后加 100mL 水。用氨水（10%）中和至 pH7~8，再加 10mL 氨水-氯化铵缓冲液（pH10）及 5 滴铬黑 T 指示剂，用如下所示浓度的 EDTA-2Na 标准溶液滴定至溶液自紫色转变为纯蓝色，同时做空白实验。

EDTA-2Na 标准溶液浓度/（mol/L）	氧化锌质量/g
0.1	0.3
0.05	0.15

（3）计算　EDTA-2Na 标准溶液浓度计算如下：

$$c_{EDTA-2Na} = \frac{M}{(V_1 - V_0) \times 0.08138}$$

式中　$c_{EDTA-2Na}$——EDTA-2Na 标准溶液的浓度，mol/L

M——用于滴定的基准氧化锌的质量，mg

V_1——EDTA-2Na 标准溶液用量，mL

V_0——空白试验中 EDTA-2Na 标准溶液用量，mL

0.08138——与 1.00mL EDTA-2Na 标准溶液相当的基准氧化锌的质量，g

2. 方法二

（1）0.01mol/L EDTA-2Na 标准溶液　称取 3.72g EDTA-2Na，溶于纯水

中，并稀释至 1000mL，按如下步骤标定其准确浓度。

（2）锌标准溶液　准确称取 0.6~0.8g 的锌粒，溶于盐酸中，置于水浴上温热至完全溶解，移入容量瓶中，定容至 1000mL。锌标准溶液的浓度计算如下：

$$c_1 = \frac{m}{M_1}$$

式中　c_1——锌标准溶液的浓度，mol/L

　　　　m——锌的质量，g

　　　　M——锌的相对分子质量

（3）计算　吸取 25.00mL 锌标准溶液于 150mL 三角瓶中，加入 25mL 纯水，加氨水调至近中性，再加 2mL 缓冲溶液及 5 滴铬黑 T 指示剂，用 EDTA-2Na 标准溶液滴定至溶液由紫红变为蓝色。EDTA-2Na 标准溶液的浓度计算如下：

$$c_2 = \frac{c_1 \times V_1}{V_2}$$

式中　c_2——EDTA-2Na 标准溶液的浓度，mol/L

　　　　c_1——锌标准溶液的摩尔浓度，mol/L

　　　　V_1——锌标准溶液体积，mL

　　　　V_2——EDTA-2Na 标准溶液体积，mL

（4）校正　EDTA-2Na 标准溶液的浓度为 0.0100mol/L。

0.0100mol/L EDTA-2Na 标准溶液也可依据 GB/T 5009.1—2003 中方法进行配制和标定。

十一、常用洗涤液的配制和使用方法

1. 重铬酸钾-浓硫酸溶液（100g/L）

称取化学纯重铬酸钾 100g 于烧杯中，加入 100mL 水，微加热使其溶解。把烧杯放于水盆中冷却后，慢慢加入化学纯硫酸，边加边用玻璃棒搅动，防止硫酸溅出，开始有沉淀析出，硫酸加到一定量沉淀可溶解，加硫酸至溶液总体积为 1000mL。该洗液是强氧化剂，但氧化作用比较慢，直接接触器皿数分钟至数小时才有作用，取出后要用自来水充分冲洗 7~10 次，最后用纯水淋洗 3 次。

2. 氢氧化钾-乙醇洗涤液（100g/L）

取 100g 氢氧化钾，用 50mL 水溶解后，加工业乙醇至 1L，它适于洗涤油垢、树脂等。

3. 酸性草酸或酸性羟胺洗涤液

称取 10g 草酸或 1g 盐酸羟胺，溶于 10mL 盐酸中，该洗液洗涤氧化性物质，对沾污在器皿上的氧化剂，酸性草酸作用较慢，羟胺作用快且易洗净。

4. 硝酸洗涤液

硝酸洗涤液与水的常用比例为 1∶9 或 1∶4，主要用于浸泡清洗测定金属离子时所用的器皿。一般浸泡过夜后取出用自来水冲洗，再用去离子水或亚沸水冲洗。

附 录 三

食品实验室常用指示剂的配制

1. **酚酞指示剂**

称取 1 酚酞，置于烧杯中，加 50mL 乙醇溶解，再加蒸馏水稀释至 100mL。

2. **甲基橙指示剂**

称取 0.1g 甲基橙，置于烧杯中，加蒸馏水 100mL 溶解。

3. **溴甲酚蓝指示剂**

称取 0.1g 溴酚蓝，置于烧杯中，加 100mL 乙醇溶解。

4. **甲基红-溴甲酚绿混合指示剂**

称取 0.08g 甲基红，置于烧杯中，加乙醇 40mL 溶解；称取 0.12g 溴甲酚绿，置于烧杯中，加乙醇 120mL 溶解，混合两溶液。

5. **钙硬度指示剂**

称取 100g 氯化钾及 0.2g 紫脲酸铵，混合均匀。

6. **铬黑 T 指示剂**

将 1.0g 铬黑 T 与 100.0g 干燥的氯化钠，置于研钵中，研细混匀，贮存于棕色磨口瓶中。

7. **百里香酚蓝指示剂**

称取 0.10g 百里香酚蓝于 2.2mL 氢氧化钠（4g/L）和 5mL 乙醇中，稀释至 100mL。

8. **孔雀绿指示剂**

称取 0.10g 孔雀绿，溶于蒸馏水中，定容至 100mL。

9. **铬酸钾指示剂**

称取 10g 铬酸钾，置于烧杯中，加蒸馏水 30mL 溶解。滴加硝酸银溶液至产生轻微的红色沉淀，静置过夜，过滤，滤液用蒸馏水稀释至 100mL。

10. 淀粉指示液

将 1g 可溶性淀粉与 5mL 水制成糊状，搅拌下将糊状物加入 100mL 水中，煮沸几分钟，加入几滴甲醛溶液，使用期限可延长数月。

将 1g 可溶性淀粉与 5mg 红色碘化汞混合，在不断搅拌下，慢慢注入 100mL 沸水中，煮沸混合物，充分搅拌后使用。

食品实验室中常用试剂的数据

试剂	分子式	相对分子质量	相对密度	质量分数/%	配1L 1mol/L溶液所需体积/mL
盐酸	HCl	36.47	1.19	37.2	84
			1.18	35.4	
			1.10	20.0	
硫酸	H_2SO_4	98.09	1.84	95.6	54.35
			1.18	24.8	
硝酸	HNO_3	63.02	1.42	70.98	67
			1.40	65.3	
			1.20	32.36	
冰乙酸	CH_3COOH	60.05	1.049	99.5	58.8
乙酸	CH_3COOH	60.05		36	
磷酸	H_2PO_4	98.06	1.71	85.0	68.1
氨水	$NH_3 \cdot H_2O$	35.05	0.90	28.0	67
			0.904	27.0	70
			0.91	25.0	
			0.96	10.0	
氢氧化钠（固体）	NaOH	40.0			（40g）

参考文献

[1] 毕艳兰. 油脂化学 [M]. 北京：化学工业出版社，2005.

[2] 陈欢林. 新型分离技术. 第2版 [M]. 北京：化学工业出版社，2013.

[3] 陈小华，汪群杰. 固相萃取技术与应用 [M]. 北京：科学出版社，2010.

[4] 丁利君，吴振辉，等. 金银花中黄酮类物质最佳提取工艺的研究 [J]. 食品科学，2002 （2）：62-66.

[5] 郭雪峰，岳永德. 黄酮类化合物的提取、分离纯化和含量测定方法的研究进展 [J]. 安徽农业科学，2007 （26）：8083-8086.

[6] 郭振库. 分析化学中的微波样品制备技术 [C]. 第三届科学仪器前沿技术及应用学术研讨会论文摘要集. 2006.

[7] 何继芹，张海德. 木瓜蛋白酶的分离方法及其应用进展 [J]. 食品科技，2006，10：66-69.

[8] 蒋世琼. 果胶酶活力的简便测定方法 [J]. 化学世界，1995，036 （010）：553-555.

[9] 阚建全. 食品化学 [M]. 北京：中国农业大学出版社，2003.

[10] 李桂华. 油料油脂检验与分析 [M]. 北京：化学工业出版社，2006.

[11] 李和生. 食品分析 [M]. 北京：科学出版社，2014.

[12] 李楠，刘元，侯滨滨. 黄酮类化合物的功能特性 [J]. 食品研究与开发，2005 （6）：139-141.

[13] 李少华，赵驻军，菅景颖，等. 木瓜蛋白酶水解猪皮制备胶原多肽的研究 [J]. 食品科学，2008，05：195-198.

[14] 卢艳杰，龚院生，张连富. 油脂检测技术 [M]. 北京：化学工业出版社，2004.

[15] 裴凌鹏，惠伯棣，金宗濂，等. 黄酮类化合物的生理活性及其制备技术研究进展 [J]. 食品科学，2004 （2）：203-207.

[16] 王菁，李尧，张羽竹，等. 金属离子对乳酸菌降解胆固醇的影响 [J]. 食品研究与开发，2018，039 （016）：30-37.

[17] 王延峰，李延清，郝永红，等. 超声法提取银杏叶黄酮的研究 [J]. 食品科学，2002 （8）：166-167.

[18] 韦庆益，高建华，袁尔东. 食品生物化学实验 [M]. 广州：华南理工大学出版社，2012.

[19] 夏之宁. 色谱分析法 [M]. 重庆：重庆大学出版社，2012.

[20] 延玺，刘会青，邹永青，等．黄酮类化合物生理活性及合成研究进展［J］．有机化学，2008（9）：1534-1544.

[21] 赵电波，陈茜，张丽尧．木瓜蛋白酶的提取及应用研究进展［J］．肉类研究，2010，11：19-23.

[22] 赵谋明，周雪松．木瓜蛋白酶水解鸡肉蛋白及其产物氨基酸分析研究［J］．食品科学，2005，S1：6-9.